前端开发工程师系列

Bootstrap 与 jQuery UI 框架设计

主　编　肖　睿　吴振宇

副主编　任春华　宋丽萍　禹　晨

中国水利水电出版社
www.waterpub.com.cn
·北京·

内 容 提 要

  随着各类移动终端设备的普及，针对 PC 端设计的网站已经无法满足用户的需求，响应式网页设计的概念应运而生。无论用户使用笔记本还是 iPad，页面都应该能够自动切换分辨率、图片尺寸及相关脚本功能等，以适应不同设备。响应式网页设计即一个网站能够兼容多种终端，而不是为每个终端做一个特定的版本。在众多的响应式框架中，来自 Twitter 开源的 Bootstrap 无疑是当前最流行的前端框架。而针对移动平台应用，jQuery Mobile 适用于所有流行的智能手机和平板电脑。基于 jQuery 的核心库，也更容易让众多的开发人员学习和使用。

  本套前端开发教材最大的特点就是以流行网站元素为项目实战。本书使用 HTML 和 CSS进行网站设计开发，并配以完善的学习资源和支持服务，包括视频教程、案例素材下载、学习交流社区、讨论组等终身学习内容，为开发者带来全方位的学习体验，更多技术支持请访问课工场 www.kgc.cn。

图书在版编目（ＣＩＰ）数据

Bootstrap与jQuery UI框架设计 / 肖睿，吴振宇主编. -- 北京 ：中国水利水电出版社，2017.4（2020.8 重印）
（前端开发工程师系列）
ISBN 978-7-5170-5240-1

Ⅰ．①B… Ⅱ．①肖… ②吴… Ⅲ．①网页制作工具②JAVA语言－程序设计 Ⅳ．①TP393.092.2②TP312.8

中国版本图书馆CIP数据核字(2017)第055555号

策划编辑：祝智敏 责任编辑：夏雪丽 封面设计：梁 燕

书 名	前端开发工程师系列 Bootstrap 与 jQuery UI 框架设计 Bootstrap YU jQuery UI KUANGJIA SHEJI
作 者	主 编 肖 睿 吴振宇 副主编 任春华 宋丽萍 禹 晨
出版发行	中国水利水电出版社 （北京市海淀区玉渊潭南路 1 号 D 座 100038） 网址：www.waterpub.com.cn E-mail：mchannel@263.net（万水） sales@waterpub.com.cn 电话：（010）68367658（营销中心）、82562819（万水）
经 售	全国各地新华书店和相关出版物销售网点
排 版	北京万水电子信息有限公司
印 刷	三河市铭浩彩色印装有限公司
规 格	184mm×260mm 16 开本 12 印张 295 千字
版 次	2017 年 4 月第 1 版 2020 年 8 月第 4 次印刷
印 数	9001—12000 册
定 价	30.00 元

前　　言

随着互联网技术的飞速发展，"互联网+"时代已经悄然到来，这自然催生了互联网行业工种的细分，前端开发工程师这个职业应运而生，各行业、企业对前端设计开发人才的需求也日益增长。与传统网页开发设计人员相比，新"互联网+"时代对前端开发工程师提出了更高的要求，传统网页开发设计人员已无法胜任。在这样的大环境下，这套"前端开发工程师系列"教材应运而生，它旨在帮助读者朋友快速成长为符合"互联网+"时代企业需求的优秀的前端开发工程师。

"前端开发工程师系列"教材是由课工场（kgc.cn）的教研团队研发的。课工场是北京大学下属企业北京课工场教育科技有限公司推出的互联网教育平台，专注于互联网企业各岗位人才的培养。平台汇聚了数百位来自知名培训机构、高校的顶级名师和互联网企业的行业专家，面向大学生以及需要"充电"的在职人员，针对与互联网相关的产品设计、开发、运维、推广和运营等岗位，提供在线的直播和录播课程，并通过遍及全国的几十家线下服务中心提供现场面授以及多种形式的教学服务，并同步研发出版最新的课程教材。参与本书编写的院校老师还有吴振宇、任春华、宋丽萍、禹晨等。

课工场为培养互联网前端设计开发人才，特别推出"前端开发工程师系列"教育产品，提供各种学习资源和支持，包括：

- 现场面授课程
- 在线直播课程
- 录播视频课程
- 案例素材下载
- 学习交流社区
- QQ 讨论组（技术，就业，生活）

以上所有资源请访问课工场 www.kgc.cn。

本套教材特点

（1）科学的训练模式

- 科学的课程体系。
- 创新的教学模式。
- 技能人脉，实现多方位就业。
- 随需而变，支持终身学习。

（2）真实的项目驱动

- 覆盖 80%的网站效果制作。
- 几十个实训项目，涵盖电商、金融、教育、旅游、游戏等行业。

（3）便捷的学习体验

- 每章提供二维码扫描，可以直接观看相关视频讲解和案例操作。

● 课工场开辟教材配套版块，提供素材下载、学习社区等丰富的在线学习资源。

读者对象

（1）初学者：本套教材将帮助你快速进入互联网前端开发行业，从零开始逐步成长为专业前端开发工程师。

（2）初级前端开发者：本套教材将带你进行全面、系统的互联网前端设计开发学习，帮助你梳理全面、科学的技能理论，提供实用开发技巧和项目经验。

课工场出品（kgc.cn）

课程设计说明

课程目标

读者学完本书后，能够熟练使用 Bootstrap 进行响应式页面开发，能熟练使用 jQuery Mobile 进行移动平台应用的开发。

训练技能

- 熟练掌握 Bootstrap 框架的众多组件
- 能够快速高效制作适用于不同设备的网页
- 熟练掌握 jQuery Mobile 框架的众多组件
- 能够快速高效开发移动平台应用

设计思路

本课程分为 6 个章节、3 个阶段来学习，即 Bootstrap 入门、Bootstrap 常见开发知识、jQuery Mobile 框架使用，具体安排如下：

- 第 1 章是对 Bootstrap 入门知识的学习，包括如何下载和使用。
- 第 2 章～第 4 章分别从布局、组件、插件三个方面来讲解 Bootstrap，主要涉及常见页面开发所用到的知识。
- 第 5 章～第 6 章是对 jQuery Mobile 框架的讲解，包括自定义属性和一些组件的使用方法，开发针对移动平台的精美网页。

章节导读

- 本章技能目标：学习本章所要达到的技能，可以作为检验学习效果的标准。
- 本章简介：学习本章内容的原因和对本章内容的概述。
- 内容讲解：对本章涉及的技能内容进行分析并展开讲解。
- 操作案例：对所学内容的实操训练。
- 本章总结：针对本章内容的概括和总结。
- 本章作业：针对本章内容的补充练习，用于加强对技能的理解和运用。

学习资源

- 学习交流社区（课工场）
- 案例素材下载
- 相关视频教程

更多内容详见课工场 www.kgc.cn。

关于引用作品版权说明

为了方便课堂教学，促进知识传播，帮助读者学习优秀作品，本教材选用了一些知名网站的相关内容作为学习案例。为了尊重这些内容所有者的权利，特此声明，凡在书中涉及的版权、著作权、商标权等权益均属于原作品版权人、著作权人、商标权人。

为了维护原作品相关权益人的权益，现对本书选用的主要作品的出处给予说明（排名不分先后）。

序号	选用的网站作品	版权归属
1	Readly	Readly
2	Bootstrap 官网示例页面	Bootstrap 官网
3	百度	百度
4	京东商城	京东
5	携程网	携程
6	网易首页	网易
7	ecshop	ecshop

由于篇幅有限，以上列表中可能并未全部列出本书所选用的作品。在此，我们衷心感谢所有原作品的相关版权权益人及所属公司对职业教育的大力支持！

2017 年 2 月

目　　录

前言

课程设计说明

关于引用作品版权说明

第1章　Bootstrap 入门 ················ 1

　1　Bootstrap 简介 ················· 2

　　1.1　Bootstrap 简介 ·············· 2

　　1.2　Bootstrap 文件结构和标准模板 ······ 3

　　操作案例：在页面中使用 Bootstrap ········ 5

　2　Bootstrap 功能介绍 ··············· 6

　　2.1　Bootstrap 构成模块 ············ 6

　　2.2　Bootstrap 的特色和功能介绍 ······· 8

　　　2.2.1　Bootstrap 的特色 ·········· 8

　　　2.2.2　媒体查询 ·············· 9

　　　2.2.3　Bootstrap 主要功能 ········· 11

　　2.3　Bootstrap 优秀插件 ············ 16

　　2.4　Bootstrap 版本变化 ············ 16

　3　Bootstrap 优秀网站示例 ············ 18

　本章总结 ···················· 20

　本章作业 ···················· 20

第2章　Bootstrap 布局 ··············· 21

　1　Bootstrap 的结构 ··············· 22

　　1.1　使用栅格系统 ··············· 22

　　　1.1.1　绘制栅格 ·············· 23

　　　1.1.2　栅格系统的列偏移 ·········· 29

　　操作案例1：制作音乐网站首页 ········· 31

　　　1.1.3　栅格系统的列交换 ·········· 32

　　　1.1.4　栅格系统的嵌套 ··········· 34

　　1.2　响应式栅格 ················ 36

　　操作案例2：组合栅格系统 ··········· 40

　2　CSS 布局概要 ················· 42

　　2.1　CSS 布局简介 ··············· 42

　　2.2　基础排版 ················· 43

　　　2.2.1　标题 ················ 44

　　2.2.2　主体内容 ··············· 46

　　2.2.3　对齐方式 ··············· 47

　　2.2.4　列表 ················· 48

　3　禁用响应式布局 ················ 51

　本章总结 ···················· 52

　本章作业 ···················· 52

第3章　Bootstrap 组件 ··············· 53

　1　按钮 ····················· 54

　　操作案例1：制作 Bootstrap 官网案例页面 ·· 59

　2　表格 ····················· 61

　3　CSS 组件 ··················· 63

　　3.1　表单 ··················· 63

　　3.2　输入框组 ················· 66

　　3.3　图标 ··················· 70

　　3.4　下拉菜单 ················· 71

　　操作案例2：制作收集用户信息页面 ······· 75

　　3.5　按钮组 ·················· 76

　　3.6　导航和导航条 ··············· 82

　　操作案例3：制作导航栏 ············ 87

　　3.7　缩略图 ·················· 89

　　3.8　媒体对象 ················· 91

　本章总结 ···················· 93

　本章作业 ···················· 94

第4章　Bootstrap 插件 ··············· 95

　1　动画过渡 ··················· 96

　2　Bootstrap 中的 JS 插件 ··········· 98

　　2.1　模态框 ·················· 98

　　操作案例1：利用模态窗体制作百度

　　　　　　　登录框 ············· 103

　　2.2　轮播图 ·················· 105

操作案例 2：利用 Bootstrap 制作携程网

　　　　　首页的轮播图 ·················· 109

　2.3　选项卡 ························· 111

　2.4　折叠 ·························· 112

　操作案例 3：利用 Bootstrap 制作导航菜单 · 114

本章总结 ···························· 116

本章作业 ···························· 116

第 5 章　jQuery Mobile 入门 ·············· 119

1　jQuery Mobile 入门 ·················· 120

　1.1　jQuery Mobile 简介 ················ 120

　1.2　jQuery Mobile 准备文档 ············· 121

　1.3　jQuery Mobile 架构 ················ 123

　　1.3.1　jQuery Mobile 属性 ············· 123

　　1.3.2　jQuery Mobile 主题 ············· 127

　　1.3.3　jQuery Mobile 视图 ············· 128

　操作案例 1：制作 jQuery Mobile 基本页面 · 129

　　1.3.4　jQuery Mobile 对话框 ············ 130

　1.4　与电话整合 ···················· 132

　操作案例 2：制作商家信息展示页面 ········· 133

2　jQuery Mobile UI 组件 ················ 134

　2.1　网格系统 ····················· 134

　2.2　格式化内容 ···················· 137

　2.3　可折叠的内容 ··················· 138

　2.4　工具栏 ······················ 140

　操作案例 3：制作影视介绍页面 ············ 143

　2.5　按钮 ························· 145

　操作案例 4：制作音乐播放器页面 ·········· 148

本章总结 ···························· 150

本章作业 ···························· 150

第 6 章　jQuery Mobile 基础 ·············· 153

1　列表 ···························· 154

　1.1　整页列表与插入列表 ··············· 154

　1.2　视觉分隔符 ···················· 155

　1.3　交互行 ······················ 157

　1.4　图片 ························· 159

　　1.4.1　图标 ····················· 159

　　1.4.2　缩略图 ···················· 159

　　1.4.3　计数气泡 ·················· 162

2　表单组件 ·························· 164

　2.1　表单动作 ····················· 165

　2.2　表单元素 ····················· 165

　　2.2.1　文本标签和容器标签 ············ 165

　　2.2.2　文本输入框 ················· 166

　　2.2.3　textarea 输入区域 ············· 166

　　2.2.4　HTML5 新增标签 ············· 167

　操作案例：制作信息收集页面 ············· 173

3　jQuery Mobile API ·················· 174

　3.1　jQuery Mobile API ················ 174

　3.2　jQuery Mobile 事件 ··············· 176

　　3.2.1　页面事件 ·················· 176

　　3.2.2　方向事件 ·················· 177

　　3.2.3　触摸事件 ·················· 177

本章总结 ···························· 181

本章作业 ···························· 181

第 1 章

Bootstrap 入门

本章技能目标

- 掌握 Bootstrap 的概念
- 掌握 Bootstrap 的文件结构
- 掌握 Bootstrap 入门知识

本章简介

随着互联网的不断成熟以及人们越来越多地使用各种移动终端设备访问互联网，Web 设计师和 Web 开发者的工作也变得越来越复杂。

几年前，一切都还简单得多。那个时候，大部分用户都是台式计算机。网页设计人员的的开发工作主要就是跟十几个桌面浏览器打交道，并通过添加几个浏览器的 hack，来兼容旧版本的 IE 浏览器。时至今日，随着手持电子设备的突飞猛进，一切都变了样。各种大小的智能手机和平板电脑层出不穷，电子阅读器以及电视设备上的浏览器等也不断涌现，设备的多样性日益丰富。

同时，浏览设备的屏幕大小是不一样的。因此不能使用固定网页宽度，在不知道浏览设备屏幕的大小时，最主要的策略就是使用响应式网页设计。它是一种根据设备浏览窗口的尺寸大小来输出相应页面布局的方法。

响应式网页设计实现起来并不困难，但是要让它在所有的目标设备上都正常运作会有一点小棘手。框架可以让这一工作变得简单。利用框架，用户可以花最少的力气创建响应式且符合标准的网站，一切都很简单并且具有一致性。

1 Bootstrap 简介

1.1 Bootstrap 简介

响应式网页设计利用同样的 HTML 文档来适配所有的终端设备，响应式网页设计会根据设备屏幕的大小加载不同的样式，从而在不同的终端设备上呈现最优的网页布局。举个例子，当用户在大屏幕桌面浏览器中查看一个网页时，网页的内容可能是分为很多列的，并且有常见的导航条。如果用户在小屏幕的智能手机上查看同样的页面，用户会发现页面的内容呈现在同一列中，并且导航按钮足够大，点击起来很方便。

在实际的开发中，使用框架的情况很多，使用框架有很多好处，比如说简单快速，以及在不同的设备之间具有一致性等。框架最大的优势就是简单易用，即使只掌握少量的 Web 知识，也可以毫无障碍地使用它们。

Bootstrap 绝对是目前最流行、用得最广泛的一款框架。它是一套优美、直观并且功能强大的 Web 设计开源工具包，可以用来开发跨浏览器兼容、功能丰富并且美观的页面。它提供了很多流行的样式简洁的 UI 组件，栅格系统以及一些常用的 JavaScript 插件。

Bootstrap 是基于 HTML5 和 CSS3 开发的，它在 jQuery 的基础上进行了更为个性化和人性化的完善，形成一套自己独有的网站风格，并兼容大部分 jQuery 插件。Bootstrap 框架提供了很多常见的各种 CSS 和 JavaScript 集合，在布局、版式、控件、特效方面都非常让人满意，预置了丰富的效果，开发人员可以拿来直接使用，极大地方便了用户开发。Bootstrap 目前的稳定版本是 v3.3.5。

Bootstrap 有如下特性：
- 代码开源。
- 有一套完整的基础 CSS 插件。
- 丰富的预定义样式表。
- 一组基于 jQuery 的 JS 插件。
- 一个非常流行的栅格系统，崇尚移动先行的思想。

Bootstrap 的目标是在最新的桌面和移动浏览器上有最佳的表现，也就是说，在较老旧的浏览器上可能会导致某些组件表现出的样式有些不同，但功能是完整的。表 1.1 列出了不同的浏览器对 Bootstrap 的支持情况。

表 1.1 不同系统的浏览器对 Bootstrap 的支持情况

	Chrome	Firefox	IE	Opera	Safari
Android	支持	支持	N/A	不支持	N/A
iOS	支持	N/A	N/A	不支持	支持
Mac OS X	支持	支持	N/A	支持	支持
Windows	支持	支持	支持	支持	不支持

其中 N/A 表示在该系统中不能安装该浏览器。通过表 1.1 可以看出大部分系统的浏览器对 Bootstrap 还是支持的，开发人员也可以放心大胆地去使用了。

1.2　Bootstrap 文件结构和标准模板

示例 1 是 Bootstrap 官网提供的最简单的一个模板：

⊃示例 1

```html
<!DOCTYPE html>
<html lang="zh-CN">
  <head>
    <meta charset="UTF-8">
    <meta http-equiv="X-UA-Compatible" content="IE=edge">
    <meta name="viewport" content="width=device-width, initial-scale=1">
    <!--上述 3 个 meta 标签*必须*放在最前面，任何其他内容都*必须*跟随其后! -->
    <title>Bootstrap 101 Template</title>
    <!--引入 Bootstrap 的 CSS 样式表-->
    <link href="css/bootstrap.min.css" rel="stylesheet">
    <!--以下两个插件是用于使 IE8 支持 HTML5 和媒体查询-->
    <!--注意：Respond.js 不支持 file://方式访问-->
    <!--[if lt IE 9]>
      <script src="//cdn.bootcss.com/html5shiv/3.7.2/html5shiv.min.js"></script>
      <script src="//cdn.bootcss.com/respond.js/1.4.2/respond.min.js"></script>
    <![endif]-->
  </head>
  <body>
    <h1>你好，世界! </h1>
    <!-- jQuery (necessary for Bootstrap's JavaScript plugins) -->
    <script src="//cdn.bootcss.com/jquery/1.11.3/jquery.min.js"></script>
    <!-- Include all compiled plugins (below), or include individual files as needed -->
    <script src="js/bootstrap.min.js"></script>
  </body>
</html>
```

这段代码演示了如何在 HTML5 中使用 Bootstrap。

Bootstrap 必须使用在 HTML5 中，因此，在模板的最上面使用 HTML5 代码：

```html
<!DOCTYPE html>
```

这里面还要注意下面这行代码：

```html
<meta name="viewport" content="width=device-width, initial-scale=1">
```

通常使用 Bootstrap 时，这段代码必须添加到 head 中，主要是因为在 CSS 中一般使用 px 作为单位，在桌面浏览器中 CSS 的 1 个像素往往都是对应着电脑屏幕的 1 个物理像素，这可能会造成一个错觉，那就是 CSS 中的像素就是设备的物理像素。但实际情况却并非如此，CSS 中的像素只是一个抽象的单位，在不同的设备或不同的环境中，CSS 中的 1px 所代表的设备物理像素是不同的。

在为桌面浏览器设计的网页中，不需要考虑这个问题，但在移动设备上，必须弄明白这点。在早先的移动设备中，屏幕像素密度都比较低，如 iPhone 3，它的分辨率为 320*480，在 iPhone 3 上，一个 CSS 像素确实是等于一个屏幕物理像素的。后来随着技术的发展，移动设备的屏幕像素密度越来越高，从 iPhone 4 开始，分辨率提高了一倍，变成 640*960，但屏幕尺寸却没变化，这就意味着同样大小的屏幕上，像素却多了一倍。而如果不做处理，同样大小的字体，在 iPhone 4 上，会比在 iPhone 3 上缩小一半。其他的移动设备也有同样的问题。因此，在开发移动设备的网站时，最常见的一个动作就是把下面的代码添加到 head 标签中：

```
<meta name="viewport" content="width=device-width, initial-scale=1.0, maximum-scale=1.0,
user-scalable=0">
```

该 meta 标签的作用是让当前 viewport 的宽度等于设备的宽度，同时不允许用户手动缩放。通常最常用的是使 viewport 的宽度等于设备的宽度，而是否允许用户缩放可根据不同的需求设定，一般常用的属性写法就是示例 1 中所示的写法：

```
<meta name="viewport" content="width=device-width, initial-scale=1">
```

最简单的用法就是将这行代码直接复制到 head 中即可。

viewport 有 6 个属性如表 1.2 所示。

表 1.2　viewport 的属性

属性	描述
width	设置 viewport 的宽度，正整数，或"width-device"
initial-scale	设置页面的初始缩放值，为一个数字
minimum-scale	允许用户的最小缩放值，为一个数字
maximum-scale	允许用户的最大缩放值，为一个数字
height	设置 viewport 的高度，很少使用
user-scalable	是否允许用户进行缩放，值为"no"或"yes"，no 代表不允许，yes 代表允许

除了创建 HTML5 页面之外，要想在网站中使用 Bootstrap 首先要下载 Bootstrap 源文件，读者可以在网站上直接下载 Bootstrap 框架文件，Bootstrap 的官网地址是：http://www.bootcss.com/，在官网上有对 Bootstrap 各个版本的介绍，本书使用的是 v3.3.5 版，读者可在官网上跳转到 v3.3.5 版的页面进行下载，下载的页面地址是：http://v3.bootcss.com/getting-started/#download。在这个页面上可以下载 Bootstrap 的 v3.3.5 版本，如图 1.1 所示。

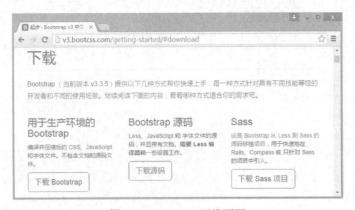

图 1.1　Bootstrap 下载页面

由图 1.1 可以看出，Bootstrap 下载页面有 3 个下载版本，分别是用于生产环境的 Bootstrap、Bootstrap 源码和 Sass 版本。如果只作为开发人员使用，则用于生产环境的 Bootstrap 就可以，本书也是使用的这一版本。

点击图 1.1 所示的"下载 Bootstrap"链接，会下载一个 bootstrap-3.3.5-dist.zip 的文件，将文件解压缩会得到 3 个文件夹，如图 1.2 所示。

其中 CSS 文件夹中存放的是 Bootstrap 的样式文件，如图 1.3 所示。js 文件夹中存放的是 Bootstrap 的 JavaScript 类库文件，如图 1.4 所示。

图 1.2　Bootstrap 文件夹

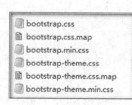

图 1.3　CSS 文件夹

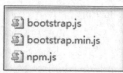

图 1.4　js 文件夹

图 1.3 中的 bootstrap.css 是 Bootstrap 设计好的样式文件，bootstrap.min.css 是经过压缩的样式文件。和 CSS 一样，JavaScript 也有一个压缩版的文件 bootstrap.min.js。使用 Bootstrap 时建议引入 bootstrap.min.css 和 bootstrap.min.js 两个文件。除了下载文件之外，还有另外一种方法引入 Bootstrap 所需要的文件，也就是使用 Bootstrap 中文网提供的免费 CDN 加速服务。使用时将如下代码引入到 head 之间即可。

```
<!--Bootstrap 核心 CSS 文件-->
<link rel="stylesheet" href="//cdn.bootcss.com/bootstrap/3.3.5/css/bootstrap.min.css">
<!--jQuery 文件。务必在 bootstrap.min.js 之前引入-->
<script src="//cdn.bootcss.com/jquery/1.11.3/jquery.min.js"></script>
<!--最新的 Bootstrap 核心 JavaScript 文件-->
<script src="//cdn.bootcss.com/bootstrap/3.3.5/js/bootstrap.min.js"></script>
```

通过引入下载的 Bootstrap.min.css 以及引用 Bootstrap 中文网提供的免费 CDN 加速服务的地址就可以在网站中使用 Bootstrap 了。

操作案例：在页面中使用 Bootstrap

需求描述

在页面中使用 Bootstrap。

- 登录 Bootstrap 中文网，下载用于生产环境的 Bootstrap，在页面中添加 Bootstrap 文件引用。
- 使用 Bootstrap 中文网提供的免费 CDN 加速服务构建 Bootstrap 文件。

技能要点

- 会下载并创建 Bootstrap 页面。
- 会使用 CDN 加速服务构建 Bootstrap 文件。
- 理解 Bootstrap 的搭建和使用。

Chapter
1

关键代码

```
<!--新 Bootstrap 核心 CSS 文件-->
<link rel="stylesheet" href="//cdn.bootcss.com/bootstrap/3.3.5/css/bootstrap.min.css">
<!--jQuery 文件。务必在 bootstrap.min.js 之前引入-->
<script src="//cdn.bootcss.com/jquery/1.11.3/jquery.min.js"></script>
<!--最新的 Bootstrap 核心 JavaScript 文件-->
<script src="//cdn.bootcss.com/bootstrap/3.3.5/js/bootstrap.min.js"></script>
<!--设置移动视口-->
<meta name="viewport" content="width=device-width, user-scalable=no, initial-scale=1.0, maximum-scale=1.0, minimum-scale=1.0"/>
<link rel="stylesheet" href="../bootstrap.min.css"/>
```

实现步骤

（1）登录 http://v3.bootcss.com/getting-started/#download，下载用于生产环境的 Bootstrap。

（2）解压 bootstrap-3.3.5-dist.zip 文件，在 CSS 文件夹中提取 bootstrap.min.css 文件，在 js 文件夹中提取 bootstrap.min.js 文件，下载 jQuery 文件。

（3）在 HTML5 页面中编写代码：

```
<meta name="viewport" content="width=device-width, user-scalable=no, initial-scale=1.0, maximum-scale=1.0, minimum-scale=1.0"/>
```

按顺序引入 bootstrap.min.css、jQuery、bootstrap.min.js 文件。

2 Bootstrap 功能介绍

程序员虽然擅长编写复杂的应用，但常对设计望而却步，一个优秀的程序员设计出的页面难登大雅之堂也是经常发生的事情。比如程序员从不介意使用 Comic Sans 字体，但设计行业却极为排斥它，设计师或那些拥有美学情结的人往往对之不屑一顾。程序员想要制作一个精美的网站，让自己的网站看起来更加吸引人，必须有设计人员的配合。

可现实是，写代码就是程序员工作的全部，程序员对设计并不熟悉，甚至有些畏惧。对于外行来说，设计是由很多只可意会不可言传的规则以及所谓的设计灵感混合作用而成的，知识壁垒很高。

然而，Bootstrap 诞生之后，程序员经过简单的操作就可以让网站看上去更加专业，虽然比不上设计师设计出来的效果，但对于没有设计基础的人来说已经足够了。

2.1 Bootstrap 构成模块

Bootstrap 的构成模块从大的方面可以分为布局框架、页面排版、基本组件、jQuery 插件以及变量编译的 LESS 等部分。同时还有很多有趣的模块，例如，布局框架中的响应式布局，页面排版中的 icon，基本组件中的进度条，菜单响应式展示等，完全可以满足项目常用的交互效果。下面简单介绍一下 Bootstrap 中各模块的功能。

1. 页面布局

布局对于每个项目都必不可少。Bootstrap 创建出一套优秀的栅格布局，而在响应式布局中有更强大的功能，用法也相当简单，只需要按照 HTML 模板应用，让栅格布局成 1～12 列，能适应各种设备。使用这种栅格布局可轻松构建所需的布局效果。此外，改变模板中的类名就能实现不同的布局风格。例如，要实现常见的布局，只需在 HTML 中添加 container 类名，然后添加 div 元素，并给这个 div 元素添加 class='row'，然后在该 div 内部添加<div class="col-*-*"></div>即可实现所需要的栅格系统。

2. 页面排版

页面排版的好坏直接影响产品风格，也就是说页面设计是不是好看。在 Bootstrap 中，页面的排版都是从全局的概念上出发，定制了主体文本、段落文本、标题、导航风格、按钮、表单、表格等格式。

3. 基本组件

基本组件是 Bootstrap 的精华之一，其中都是开发者平时需要用到的交互组件。例如，网站导航、标签页、工具条、超大屏幕、徽章、分页栏、提示标签、多媒体对象、提示信息块和进度条等。这些组件都配有 jQuery 插件，运用它们可以大幅度提高用户的交互体验，使产品不再呆板、增强吸引力。

4. jQuery 插件

Bootstrap 组件仅仅是个开始。Bootstrap 自带 12 种 jQuery 插件，扩展了功能，可以给站点添加更多的互动。即使开发人员不是一名高级的 JavaScript 开发人员，也可以着手学习 Bootstrap 的 JavaScript 插件。利用 Bootstrap 数据 API（Bootstrap Data API），大部分的插件可以在不编写任何代码的情况被触发。引用 Bootstrap 插件的方式有两种：

● 单独引用：使用 Bootstrap 的个别的*.js 文件。一些插件和 CSS 组件依赖于其他插件。如果单独引用插件，应先弄清这些插件之间的依赖关系。

● 编译（同时）引用：使用 bootstrap.js 或压缩版的 bootstrap.min.js。

不要尝试同时引用这两个文件，因为 bootstrap.js 和 bootstrap.min.js 都包含了所有的插件。

Bootstrap 中的 jQuery 插件主要用来帮助开发者实现与用户交互的功能。Bootstrap 提供了多种常见插件，所有的插件都依赖于 jQuery，所以必须在插进文件之前引用 jQuery。

（1）下拉框

下拉菜单是可切换的，是以列表格式显示链接的上下文菜单，可以通过与下拉菜单（Dropdown）JavaScript 插件的互动来实现。如需使用下拉菜单，只需要在 class.dropdown 内加上下拉菜单即可。

（2）模态框（Modal）插件

模态框（Modal）是覆盖在父窗体上的子窗体。通常，目的是显示来自一个单独的源的内容，可以在不离开父窗体的情况下进行一些互动。子窗体可提供信息、交互等。

（3）滚动监听（Scrollspy）

实现滚动条位置的效果，如在导航中有多个标签，用户单击其中一个标签，滚动条会自动定位到导航中标签对应的文本位置。

（4）标签页（Tab）

这个插件能够快速实现本地内容的切换，动态切换标签页对应的本地内容。

（5）工具提示（Tooltip）

一款优秀的 jQuery 插件，无需加载任何图片，采用 CSS3 新技术，动态显示 data-attributes

存储的标题信息。

5. 动态样式语言 LESS

LESS 是动态 CSS 语言，它基于 JavaScript 引擎或者服务器端对传统的 CSS 进行动态扩展，具有更强大的功能和更好的灵活性。基于 LESS，编辑 CSS 就可以像使用编程语言一样，定义变量、嵌入声明、混合模式、运算等。

Bootstrap 中有一套编辑好的 LESS 框架，开发者可以将其应用到自己的项目中，也可以通过 Less.js、Less.app 或 Node.js 等方法来编辑 LESS 文件。LESS 文件一旦编译，Bootstrap 框架就仅包含 CSS 样式，这意味着没有多余的图片、Flash 之类的元素。本书不对 LESS 进行讲解。

2.2 Bootstrap 的特色和功能介绍

Bootstrap 之所以能广泛流行，其易用性是很重要的一个原因。Twitter 在 GitHub 上提供了方便的自定义 Bootstrap 的工具，用户可以自由地选择想要的元素和组件，并且自定义每个颜色的具体数值，然后再让它自动生成一份属于自己的定制版的 Bootstrap。所有不需要的代码已经被去掉，以节省网络下载时间。虽然整个 Bootstrap 并不大，但是对于大流量网站来说，为每个用户节省 1KB 流量，总量也是很可观的。下面简单介绍一下 Bootstrap 的特色和功能，以便更详细地了解它。

2.2.1 Bootstrap 的特色

（1）适应各种技术水平

Bootstrap 适应不同技术水平的从业者，无论是设计师，还是程序开发人员，无论是经验丰富的开发者，还是刚入门槛的"菜鸟"。使用 Bootstrap 既能开发简单的小东西，也能构造十分复杂的应用。

（2）跨设备、跨浏览器

最初设想的 Bootstrap 只支持现代浏览器，不过新版本已经能支持所有主流浏览器，甚至包括 IE7。从 Bootstrap 2 开始，提供对平板电脑和智能手机的支持，Bootstrap 3 已经提出移动设备优先的理念。

（3）提供 12 列栅格布局

栅格系统不是万能的，不过在应用的核心层有一个稳定和灵活的栅格系统确实可以让开发变得更简单。可以选用内置的栅格，或是自己手写。

（4）支持响应式设计

从 Bootstrap 2 开始，提供完整的响应式特性。所有的组件都能根据分辨率和设备灵活缩放，从而提供一致性的用户体验。

（5）样式化的文档

与其他前端开发工具包不同，Bootstrap 优先设计了一个样式化的使用指南，不仅用来介绍特性，更用以展示最佳实践、应用以及代码示例。

（6）支持 HTML5

Bootstrap 支持 HTML5 标签和语法，要求建立在 HTML5 文档类型基础上进行设计和开发。

（7）支持 CSS3

Bootstrap 支持 CSS3 所有属性和标准，逐步改进组件以达到最终效果。

Bootstrap 还有很多其他的特色，这里不再列出，读者在使用的时候可自己体会。

2.2.2　媒体查询

Bootstrap 之所以能够在不同的设备以及不同的视口大小下显示不同的页面效果，是使用了一项叫做媒体查询（也叫做媒介查询）的技术。

媒体查询在 CSS 中是一项十分实用的技术，具体来说，就是可以根据客户端的介质和屏幕大小，提供不同的样式表或者只展示样式表中的一部分。通过响应式布局，可以达到只使用单一文件提供多平台的兼容性，省去了诸如浏览器判断之类的代码。

当然这种设计也存在着缺点，很多使用响应式布局的设计在适配移动端时大量使用 display:none 隐藏富媒体元素，这样势必会导致大量不必要的流量。因此，如果有较为重要的移动端需求，那么还是开发专门的移动版页面为好。不过，对于诸如内容较少的页面或者单页式网站来说，响应式布局依然不失为一种好方法。

如今屏幕分辨率的范围已经从 320px（iPhone）扩展到 2560px（大显示器），甚至更高。用户不单单在桌面电脑上浏览网站，还会使用移动电话、小型笔记本、平板设备（比如 iPad 或者 Playbook）来访问互联网，所以传统的固定宽度设计不再适用了。Web 设计需要有自适应能力。页面布局要可以自动地去适应所有的分辨率和设备。CSS3 媒体查询的目的就是适应跨浏览器的响应式设计。

所谓响应式设计就是同样的 html 结构和 CSS 样式在不同的视口下显示不同的界面效果，从而适应不同的设备。

在页面中使用媒体查询有两种方式：

一种是在<head>链接 CSS 文件时提供判断语句，选择性加载不同的 CSS 文件：

```
<link rel="stylesheet" href="middle.css" media="screen and (min-width:400px)">
```

该行代码的作用是在满足 media 的判断语句 screen and(min-width:400px)，即在屏幕最小宽度不小于 400px 的介质上面使用 middle.css。

第二种方式是在 CSS 文件中分段书写不同设备的代码：

```
/* CSS Code 代码段 1*/
@media screen and (min-width:600px) { /* CSS Code 代码段 2*/ }
@media screen and (max-width:599px) { /* CSS Code 代码段 3*/ }
```

写在@media 语句段外的是共用代码（Code1），任何设备都可使用。第一个@media 语句段是屏幕以及最小宽度 600px，使用代码段 2。第二个@media 语句段是屏幕以及最大宽度 599px，使用代码段 3。

除了能够指定视口的宽度之外还可以依据设备进行限制，如下代码：

```
@media only screen and (max-width:640px) {

...

}
```

该代码段表示这段 CSS 代码只适用于彩色设备并且最大宽度为 640px。上段代码中使用了 only 操作符，only 操作符用来限定某种特别的媒体类型，对于支持 Media Queries 的移动设备来说，如果存在 only 关键字，移动设备的 Web 浏览器会忽略 only 关键字并直接根据后面的表达式应用样式文件。对于不支持 Media Queries 的设备但能够读取 Media Type 类型的 Web 浏览器，遇到 only 关键字时会忽略这个样式文件。

not 操作符用来排除某些特定的设备，比如@media not print（非打印设备）。all 操作符表示不进行限制，使用所有设备。

CSS 的媒体类型如表 1.3 所示。

表 1.3 媒体类型

媒体类型	描述
all	用于所有设备
print	用于打印机和打印预览
screen	用于电脑屏幕、平板电脑、智能手机等
speech	应用于屏幕阅读器等发声设备

@media 是非常有用的，使用@media 定义查询，可以针对不同的媒体类型定义不同的样式，从而可以针对不同的屏幕尺寸设置不同的样式。同时在用户重置浏览器大小的过程中，页面也会根据浏览器的宽度和高度重新渲染页面。如果不同的代码段有冲突或者重叠，会按照 CSS 原本的代码优先级排序，即后方代码替代前方代码等。

示例 2 演示了 CSS 媒体查询的使用方法。

⊃ 示例 2

```
<!DOCTYPE html>
<html lang="en">
<head>
    <meta charset="UTF-8">
    <title>媒体查询</title>
    <style>
        @media screen and (max-width:980px) {
        /*样式一*/
            #pagewrap {
                width:95%;
            }
        }
        /*样式二*/
        @media screen and (max-width:650px) {
            #pagewrap {
                width:100%;
            }
        }
        /*样式三*/
```

```
            @media screen and (max-width:480px) {
                    #pagewrap {
                            width:auto;
                    }
            }
        </style>
</head>
<body>
<div id="pagewrap"></div>
</body>
</html>
```

示例 2 演示了媒体查询的用法，当视口宽度在 980px 以下时使用样式一，当视口最大为 650px 时使用样式二，当视口小于 480px 时使用样式三。例如视口宽度为 575px，满足样式一和样式二的样式，但不满足样式三的样式，所以会使用样式一和样式二的样式，由于样式一和样式二有冲突，因此使用样式二的样式。这样就为不同的设备显示不同的样式了。

2.2.3　Bootstrap 主要功能

Bootstrap 的目的是提供一个便捷工具，方便快速开发项目，样式部分使用 LESS 编写，也提供了一些 jQuery 插件形式的扩展，在样式方面，Bootstrap 提供了如下解决方案：

（1）栅格系统

栅格系统使用起来十分简单，仅仅可以通过配置几个参数，自定义栅格。同时还可以依据 class 参数适用于不同的设备。

（2）布局

布局主要包括一个固定宽度的居中布局、一个可变宽度的浮动布局。

（3）字体样式

字体风格比较明显，<title>、<em>、<strong>、<label>等语义标签都配了一些默认样式。然后是通过样式属性实现不同的字体样式效果，如示例 3 所示。

⊃示例 3

```
<!DOCTYPE html>
<html lang="zh-CN">
<head>
    <meta charset="UTF-8">
    <meta http-equiv="X-UA-Compatible" content="IE=edge">
    <meta name="viewport" content="width=device-width, initial-scale=1">
    <!--上述 3 个 meta 标签*必须*放在最前面，任何其他内容都*必须*跟随其后！-->
    <title>Bootstrap 基本模板</title>
    <!--Bootstrap-->
    <link href="../../bootstrap.min.css" rel="stylesheet">
    <style>
        .container {
```

```
                margin-top: 20px;
            }
        .label {
                font-size: 20px;
            }
        }
    </style>
    <!--以下两个插件是用于在 IE8 中支持 HTML5 元素和媒体查询-->
    <!--注意：Respond.js 不支持 file://方式访问-->
    <!--[if lt IE 9]>
    <script src="//cdn.bootcss.com/html5shiv/3.7.2/html5shiv.min.js"></script>
    <script src="//cdn.bootcss.com/respond.js/1.4.2/respond.min.js"></script>
    <![endif]-->
</head>
<body>
<div class="container">
    <span class="label label-default">默认样式</span>
    <span class="label label-success">成功样式</span>
    <span class="label label-warning">警告样式</span>
    <span class="label label-danger">危险样式</span>
    <span class="label label-primary">重要样式</span>
    <span class="label label-info">信息样式</span>
</div>
<!--如果要使用 Bootstrap 的 js 插件就必须引入 jQuery 插件-->
<script src="../../jquery-1.11.1.min.js"></script>
<script src="../../bootstrap.min.js"></script>
</body>
</html>
```

运行效果如图 1.5 所示。

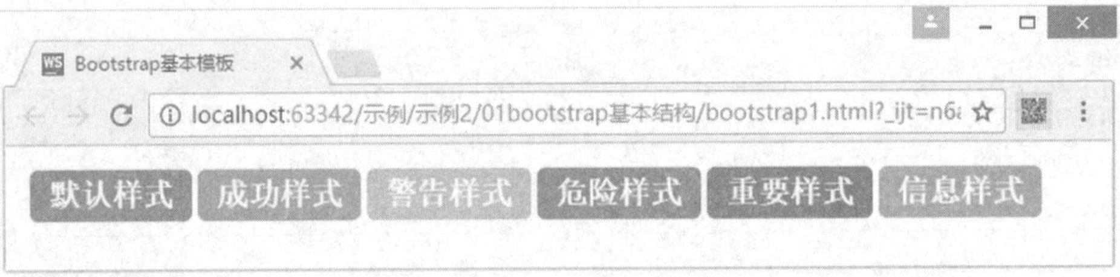

图 1.5　字体样式

（4）多媒体展现

多媒体列表比较简单，定义了 3 种缩略图尺寸：330px*230px、210px*150px 和 90px*90px。

（5）表单

Bootstrap 对表单进行了比较充分的定制，风格比较鲜明，如圆角输入框，正确、错误的状态，表单的字号，前缀字符，输入、复选框等。要想实现更个性的解决方案，需要与 JavaScript 配合设计。表单的按钮设计如表 1.4 所示。

表 1.4　按钮样式

按钮样式类	描述
.btn	为按钮添加基本样式
.btn-default	默认/标准按钮
.btn-primary	原始按钮样式（未被操作）
.btn-success	表示成功的动作
.btn-info	该样式可用于要弹出信息的按钮
.btn-warning	表示需要谨慎操作的按钮
.btn-danger	表示一个危险动作的按钮操作
.btn-link	让按钮看起来像个链接（仍然保留按钮行为）

使用按钮类的方式很简单，如下代码所示：

```
<!--标准的按钮-->
<button type="button" class="btn btn-default">默认按钮</button>
<!--提供额外的视觉效果，标识一组按钮中的原始动作-->
<button type="button" class="btn btn-primary">原始按钮</button>
<!--表示一个成功的或积极的动作-->
<button type="button" class="btn btn-success">成功按钮</button>
<!--信息警告消息的上下文按钮-->
<button type="button" class="btn btn-info">信息按钮</button>
<!--表示应谨慎采取的动作-->
<button type="button" class="btn btn-warning">警告按钮</button>
<!--表示一个危险的或潜在的负面动作-->
<button type="button" class="btn btn-danger">危险按钮</button>
<!--并不强调是一个按钮，看起来像一个链接，但同时保持按钮的行为-->
<button type="button" class="btn btn-link">链接按钮</button>
```

效果如图 1.6 所示。

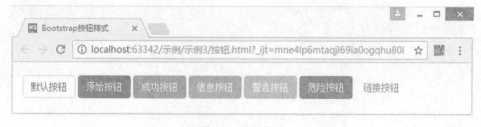

图 1.6　按钮样式

（6）导航

网站的全局导航栏保持一致，使用样式可实现背景色渐变，将导航栏固定在头部和尾部，并且不需要考虑浏览器兼容问题。此外，还实现了提示、警告、弹出对话框等设计风格的统一。甚至同一个导航在不同的视口大小显示不同的风格，如示例 4 所示。

⊃示例4

```
<!DOCTYPE html>
<html>
<head lang="en">
    <meta charset="UTF-8">
    <title>导航</title>
    <meta name="viewport" content="width=device-width, user-scalable=no, initial-scale=1.0, maximum-scale=1.0,
minimum-scale=1.0"/>
    <link rel="stylesheet" href="../bootstrap.min.css"/>
</head>
<body>
<div class="navbar navbar-inverse navbar-fixed-top">
    <div class="navbar-header">
        <!--自适应隐藏导航展开按钮-->
        <button type="button" class="navbar-toggle collapsed" data-toggle="collapse" data-target=
                "#bs-example-navbar-collapse-1">
            <span class="sr-only">Toggle navigation</span>
            <span class="icon-bar"></span>
            <span class="icon-bar"></span>
            <span class="icon-bar"></span>
        </button>
        <!--导航条 LOGO-->
        <a class="navbar-brand" href="#">Boot</a>
    </div>
    <div class="collapse navbar-collapse" id="bs-example-navbar-collapse-1">
        <ul class="nav navbar-nav">
            <li class="active"><a href="">首页</a></li>
            <li><a href="">博文</a></li>
            <li><a href="">留言</a></li>
            <li class="dropdown">
                <a href="#" class="dropdown-toggle" data-toggle="dropdown">博客信息
                    <span class="caret"></span></a>
                <ul class="dropdown-menu" role="menu">
                    <li><a href="#">我的博客</a></li>
                    <li><a href="#">我的好友</a></li>
                    <li><a href="#">我的信箱</a></li>
                </ul>
            </li>
        </ul>
        <form class="navbar-form navbar-left" role="search">
            <div class="form-group">
                <input type="text" class="form-control" placeholder="Search">
```

```
                    </div>
                    <button type="submit" class="btn btn-default">Submit</button>
                </form>
                <ul class="nav navbar-nav navbar-right">
                    <li><a href="#">登入</a></li>
                    <li><a href="#">退出</a></li>
                </ul>
            </div>
        </div>
<script src="../jquery-1.10.2.min.js"></script>
<script src='../bootstrap.min.js'></script>
</body>
</html>
```

示例 4 的页面效果如图 1.7 和图 1.8 所示，注意图 1.8 的效果是当用户点击右上角的菜单展开后的效果。

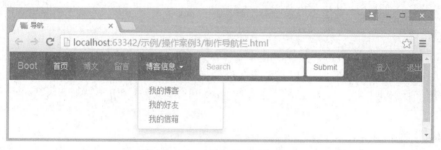

图 1.7　大屏幕设备的导航效果

图 1.8　小屏幕设备导航展开效果

同样的代码在不同大小的屏幕上显示的效果完全不同，如果要手写样式，需要写比较复杂的代码，而使用 Bootstrap 仅需要添加几个必需的类即可实现。

以上样式的部分是 Bootstrap 框架的核心。在代码上，基本把样式重置与定制都做了，除了一些比较明显的组件（如面包屑、翻页等），基本都直接用标签作选择器。有许多风格是利用 CSS3 样式属性设计出来的，如背景色渐变与圆角。因此，若为了节省时间且不介意早期浏览器的效果，Bootstrap 是个好选择，因为它省时省力，而且美观大方。在样式之外，Bootstrap 还提供了十几个常用的 JavaScript 插件，如模态对话框、下拉菜单、滚动监听、标签页、工具提示等 jQuery 插件。

2.3　Bootstrap 优秀插件

由于 Bootstrap 的易用性、兼容性以及优秀的响应式设计、栅格系统以及自定义的 jQuery 插件等优势，因此出现了很多以 Bootstrap 为基础的扩展技术插件，下面列举几个比较著名的插件：

1. Sco.js

Sco.js 不仅能够增强 Bootstrap 中现有的 js 组件，而且自身也带有部分插件，Sco.js 中的插件可以和 Bootstrap 一起使用，也可以单独使用。Sco.js 中还包含了 Bootstrap 中没有的插件。所有插件都进行了单元测试，并且有生产环境的使用案例。每个插件都可以通过 data-attributes data-trigger="pluginName"或者 js 代码 var $modal = $.scojs_modal({...})的方式使用。

2. Chart.js

Chart.js 是一个为设计者和开发者准备的简单的面向对象的图表绘制工具库。使用时需要在页面中引入 Chart.js 文件。此工具库在全局命名空间中定义了 Chart 变量。然后创建 Chart 对象。在页面中添加 canvas，即可在 canvas 中绘制各种图表。如曲线图、柱状图、雷达图、饼图等。

3. jQuery UI Bootstrap

jQuery UI Bootstrap 是一个基于 Bootstrap 样式的 jQuery UI 控件，允许在使用 jQuery UI 控件时充分利用 Bootstrap 的样式，而且不会出现样式不统一的现象，使 Bootstrap 和 jQuery UI 可以完美融合。

4. Flat UI

Flat UI 是一套精美的扁平风格 UI 工具包，基于 Twitter Bootstrap 实现。这套界面工具包含许多基本的和复杂的 UI 部件，例如按钮、输入框、组合按钮、复选框、单选按钮、标签、菜单、进度条和滑块、导航元素等。

5. Metro UI CSS

Metro UI CSS 是一套用来创建类似于 Windows 8 Metro UI 风格网站的样式。这组风格被开发成一个独立的解决方案。Metro UI CSS 包含两种类型的许可证：MIT 和 Commercial。

6. HTML5 Boilerplate

HTML5 Boilerplate 是一个由 Paul Irish（Google Chrome 开发人员、jQuery 项目成员、Modernizr 作者、yayQuery 播客主持人）主导的前端开发模版。HTML5 Boilerplate 是一套具有非常多先进特性的框架。

2.4　Bootstrap 版本变化

了解 Bootstrap 版本变化的过程，能够更直观地了解 Bootstrap 在 Web 开发中的地位和价值。通过其版本演变和功能变化，能够把握未来 Web 前端开发技术的发展方向，对于学习 Bootstrap 也有很大的帮助。

1. Bootstrap1

2011 年 8 月，推特（Twitter）推出了用于快速搭建 Web 应用程序的轻量级前端开发工具 Bootstrap，Bootstrap 是一套用于开发 Web 应用程序，符合 HTML 和 CSS 各项标准和规范的库。Bootstrap 由动态 CSS 语言 LESS 写成，经过编译后，Bootstrap 就是众多 CSS 的合集，而 Bootstrap 本身就是一套 CSS 库。

Bootstrap 便于开发团队快速部署 Web 应用程序，对于不懂前端或前端基础弱的个人或团队来讲，在某种程度上 Bootstrap 可以让他们在没有设计师的情况下完成一个 UI 较为理想的作品。

2. Bootstrap2

Bootstrap2 在 Bootstrap1 的基础上修改了一些网页元素的默认样式，除去了 Bootstrap1 中的若干个 bug，同时完善了说明文档。Bootstrap2 在原有特性的基础上着重改进了用户的体验和交互性，比如新增加的媒体展示功能，适用于智能手机上多种屏幕规格的响应式布局，另外还新增了 12 款 jQuery 插件，可以满足 Web 页面常用的用户体验和交互功能。Bootstrap2 的主要特点如下：

- 添加了响应式设计特性。
- 在文档中增加了视网膜屏幕相关的资源。
- 增加了 HTML5 Boilerplate 打印样式。
- 将 placehold.it（用于创建占位图片）更换为 Holder.js。
- 修复了按钮组中字体大小 bug。
- 重构了 popover 箭头，修复了 IE8 中显示不正常的 bug。
- 更新了 popover 插件，在.popover-content 中移除了<p>标记。popover 文本和 HTML 可直接插入到.popover-content。
- 空标签自动折叠。

3. Bootstrap3

Bootstrap3 相对于 Bootstrap2 的改动比较大，在 Bootstrap3 中，重写了整个框架，使其一开始就是对移动设备优先的。这次不是简单的增加一些可选的针对移动设备的样式，而是直接融合进了框架的内核中。也就是说，Bootstrap3 是移动设备优先的。针对移动设备的样式融合进了框架的每个角落，而不是一个单一的文件。当然为了确保适当的绘制和触屏缩放，需要在<head>之中添加 viewport 元数据标签。

```
<meta name="viewport" content="width=device-width, initial-scale=1.0">
```

4. Bootstrap4

2015 年 8 月 19 日发布了 Bootstrap4 的内测版本，Bootstrap4 是一次重大更新，几乎涉及每行代码。Bootstrap4 中有很多重大的更新，下面是一些颇受关注的更新亮点：

- 从 LESS 迁移到 Sass：现在，Bootstrap 已加入 Sass 的大家庭中。得益于 LibSass，Bootstrap 的编译速度比以前更快。
- 改进网格系统：新增一个网格层适配移动设备，并整顿语义混合。
- 支持选择弹性盒模型（flexbox）：这是一项划时代的功能——只要修改一个 Boolean 变量，就可以利用 flexbox 的优势快速布局。

- 废弃了 Wells、Thumbnails 和 Panels，使用 Cards 代替：Cards 是一个全新的概念，但使用起来与 Wells、Thumbnails 及 Panels 很像，且更方便。

- 将所有 HTML 重置样式表整合到 Reboot 中：在用不了 Normalize.css 的地方可以使用 Reboot，它提供了更多选项。例如 box-sizing:border-box、margin tweaks 等都存放在一个单独的 Sass 文件中。

- 新的自定义选项：不再像上个版本一样，将渐变、淡入淡出、阴影等效果分放在单独的样式表中，而是将所有选项都移到一个 Sass 变量中。想要给全局或考虑不到的角落定义一个默认效果，只要更新变量值，然后重新编译就可以了。

- 不再支持 IE8，使用 rem 和 em 单位：放弃对 IE8 的支持意味着开发者可以放心地利用 CSS 的优点，不必研究 CSS hack 技巧或回退机制了。使用 rem 和 em 代替 px 单位，更适合做响应式布局，控制组件大小。如果要支持 IE8，只能继续用 Bootstrap3。

- 重写所有 JavaScript 插件：为了利用 JavaScript 的新特性，Bootstrap4 用 ES6 重写了所有插件。现在提供 UMD 支持、泛型拆解方法、选项类型检查等特性。

- 改进工具提示和 popovers 自动定位：这部分要感谢 Tether 工具的帮助。

- 改进文档：所有文档以 Markdown 格式重写，添加了一些方便的插件组织示例和代码片段，文档使用起来会更方便，搜索的优化工作也在进行中。

- 更多变化：支持自定义窗体控件、空白和填充类，此外还包括新的实用程序类等。

除了发布 Bootstrap4 alpha 外，官方还发布了 Bootstrap 主题。这些主题自己就有很多工具集，和 Bootstrap 本身一样。刚开始发布的主题有：dashboard、application 和 marketing，使用 multiple-use license 协议。可登录 http://themes.getbootstrap.com/ 查看主题，如图 1.9 所示。

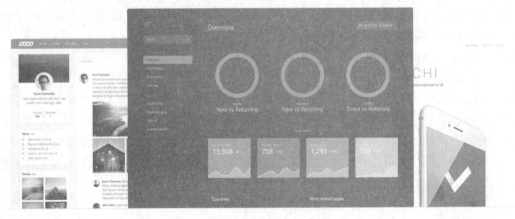

图 1.9　Bootstrap4 主题

3　Bootstrap 优秀网站示例

当前有很多优秀的网站使用的是 Bootstrap 框架。如 Readly（https://cn.readly.com/），该网站采用 Bootstrap 框架，页面精美，可适应不同的使用设备，图 1.10 和图 1.11 分别演示了在 PC 端和移动端的效果。

图 1.10　在 PC 端的首页效果

同样的代码，使用 Bootstrap 可以显示完全不同的效果，下图显示的是移动端的效果。

图 1.11　在移动端显示效果

本章总结

- Bootstrap 是目前最流行、用得最广泛的一款框架。它是基于 HTML5 和 CSS3 开发的，在 jQuery 的基础上进行了更为个性化和人性化的完善，开发人员可以拿来直接使用，极大方便了用户开发。
- 使用 Bootstrap 可以将从官网下载的 bootstrap.min.css 样式文件和 bootstrap.min.js 两个文件引入网页。还有另外一种方法引入 Bootstrap 所需要的文件，也就是使用 Bootstrap 中文网提供的免费 CDN 加速服务。
- Bootstrap 主要通过 CSS 组件和 JavaScript 组件实现响应式设计，注意 Bootstrap 并不仅仅有 CSS 组件和 JS 插件。
- CSS 即层叠样式，是一种用来美化 HTML 的一种语言，在网页设计中有很多的应用，
- CSS 目前最新版本为 CSS3。
- 使用@media 定义查询，可以针对不同的媒体类型定义不同的样式，从而可以针对不同的屏幕尺寸设置不同的样式。

本章作业

1. 请描述如何在页面中使用 Bootstrap？
2. 请说明 CSS 媒介查询的作用以及优点？
3. 请举例说一下你所了解的 Bootstrap 网站。
4. 请说出 Bootstrap 新版本的特点。
5. 请登录课工场，按要求完成预习作业。

Bootstrap 布局

本章技能目标

- 掌握 Bootstrap 的栅格系统
- 掌握 CSS 组件架构的设计思想
- 掌握 JavaScript 插件构架
- 会禁止响应式布局

本章简介

CSS 布局在 Bootstrap 中有着很重要的作用，不仅仅是框架页面的美化。在 Bootstrap 中，通过 CSS 定义了一整套的标签样式，包括通用的排版样式，其中定义了全局的字体大小、行高、段落、内外边距、对齐等效果。同时还定义了各种标签的默认样式、可选的类、表单元素的支持等。

为了提升用户体验，使界面效果更适应移动设备，Bootstrap 定义了一套精美特效的类，任何使用这些类的 button 或者 a 标签都会呈现出各种各样的按钮效果。

Bootstrap 中设置了由 Glyphicons 提供各式图标，通过使<i>标签以及对应的类，可以在页面上使用图标。

在 Bootstrap 中使用样式非常简单，只需要在对应的标签上使用规定的类即可，而且如果 Bootstrap 提供的样式不满足用户的需求，开发人员还可以自己修改对应的类样式以便使界面更加美观和实用。

1 Bootstrap 的结构

Bootstrap 的新版本提倡移动先行的宗旨，因此很多地方体现出移动式布局的概念，这就需要用到响应式设计。

所谓响应式设计就是一个网站能够兼容多个终端——而不是为每个终端做一个特定的版本。这个概念是为解决移动互联网浏览而诞生的。

响应式布局可以为不同终端的用户提供更加舒适的界面和更好的用户体验，而且随着目前大屏幕移动设备的普及，用大势所趋来形容也不为过。随着越来越多的设计师采用这个技术，我们不仅看到很多的创新，还看到了一些成形的模式。Bootstrap 主要通过 CSS 组件和 JavaScript 组件实现响应式设计，这里要注意的是 Bootstrap 并不仅仅有 CSS 组件和 JS 插件，还有其他的一些插件。

CSS 组件主要包括栅格系统、列表组、进度条、icon 图标、导航栏等组件。JS 插件主要有动画效果、模式窗体、下拉菜单、选项卡等，这些组件都是为响应式的设计服务的，本书将系统讲解这些组件。下面首先讲解比较重要的栅格系统。

1.1 使用栅格系统

Bootstrap 内置了一套响应式、移动设备优先的流式栅格系统，随着屏幕设备或可视窗口（viewport）尺寸的增加，系统会自动分为最多 12 列。它包含了易于使用的预定义 class，还有强大的 mixin 用于生成更具语义的布局。如图 2.1 所示为栅格系统。

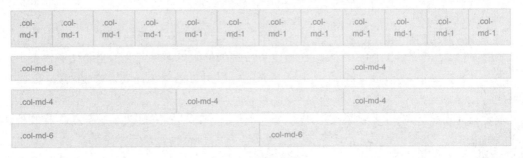

图 2.1 栅格系统

栅格系统是通过定义容器的大小，平均分成若干份，最大是 12 份，也可以自己定义栅格份数，再调整内边距（padding）和外边距（margin），最后结合媒体查询，就能制作出强大的栅格系统。

栅格系统的工作原理：

（1）数据（row）必须包含在.container 容器中，以便为其赋予合适的对齐方式和内边距。

（2）使用容器在水平方向创建一组列。可以使用一系列任何容器，一般是 div 设置列，只需要给容器添加诸如 class="col-xs-4"即可。

（3）具体内容放在列内，列可以作为行的直接子元素。

（4）内置的样式，可以使用类似 col-xs-4（占 4 列宽度）的样式来快速创建栅格。

　　栅格系统必须放在一个指定 class="container" 的容器（如 div）中，然后使用类似 class="col-xs-4" 来设置样式，col-xs-4 表示栅格系统的一列样式，其中 xs 表示超小型屏幕（还有其他屏幕类型，后文会系统说明），后面的数字 4 表示该列占总份数（12 份）的 4 份。例如容器总宽度是 1200px，平均分成 12 份，每份的宽度就是 100px，也就是说设置了 class="col-xs-4" 的元素所占的宽度是 400px。

　　（5）通过设置 padding、margin 等创建列之间的间隙，然后用第一列和最后一列设置负值 margin 来抵消 padding 的影响。

　　（6）栅格系统中指定 1～12 的值来表示其跨越的范围。

　　伴随响应式设计的思想，需要适配 4 种类型的浏览器，分别是超小屏、小屏、中屏和大屏。凡是小于 768px 的都是超小屏，手机屏幕一般是超小屏，小屏的像素在 768px～992px 之间，一般是 iPad 之类的平板电脑，中屏的像素是 992px～1200px 之间，通常是指小屏幕的台式电脑或笔记本电脑，大于 1200px 的设备属于大屏，就是大屏幕的电脑，或更大屏幕的设备，如某些带浏览功能的电视机等。

1.1.1　绘制栅格

　　下面通过示例 1 演示栅格系统的使用。在使用 Bootstrap 之前先要引入 Bootstrap 所必需的文件。

⊃示例 1

```
<!DOCTYPE html>
<html lang="zh-CN">
  <head>
    <meta charset="UTF-8">
    <meta name="viewport" content="width=device-width, initial-scale=1">
    <!--上述 2 个 meta 标签必须放在最前面，任何其他内容都必须跟随其后-->
    <title>栅格系统</title>
    <!--引入 Bootstrap 的 CSS 样式表-->
    <link href="css/bootstrap.min.css" rel="stylesheet">
  <style>
  /*自定义样式写在引用样式之后*/
      body {
            margin-top: 30px;
      }
      .container{
        outline: 1px solid black;
      }
      .col-md-1 {
            outline: 1px solid black;         /*添加外边框*/
      }
  </style>
        <!--引入 jQuery-->
<script src="jquery-1.10.2.min.js"></script>
<!--引入 Bootstrap 的 CSS 样式表-->
<script src="bootstrap.min.js"></script>
```

```
      </head>
      <body>
<!--栅格系统最外层的容器必须是 container-->
    <div class="container">
        <!--栅格系统的每一行都是 row-->
        <div class="row">
            <!--栅格系统的一列，使用中屏，宽度为 1/12-->
            <div class="col-md-1">第一列</div>
        </div>
    </div>
  </body>
</html>
```

　　虽然 Bootstrap 规定了自己的一套样式，大大简化了用户开发的工作量，但有时不符合用户需求，因此需要开发人员对样式进行修改。此时一定要注意，开发人员自己修改覆盖的样式代码一定要写在引用 Bootstrap.min.css 的代码之后，否则样式无效。因为我们要修改 Bootstrap.min.css 内置的样式，就要写同样名称的选择器来覆盖 Bootstrap.min.css 的选择器，如果开发人员对样式修改的代码写在了 Bootstrap.min.css 之前，那就不是覆盖 Bootstrap.min.css 的样式，而是被 Bootstrap.min.css 覆盖。

　　引入 Bootstrap.min.css 之后，需要再引入 jQuery 文件和 Bootstrap.min.js 文件。

　　使用栅格系统最外层的容器必须使用类样式 container，container 内部的容器使用 row 类样式表示每一行。在行内（row 容器的内部）设置列，在此处使用 class="col-md-1"，表示使用中屏模式，每行平均分成 12 份，每列占一份，也就是一行有 12 列。

　　由于默认栅格系统没有边框，因此手动编写样式表添加边框。注意示例 2 中自定义样式表的位置以及类样式表的名称。自定义类样式一定要写在引入样式之后，类样式名称要使用 Bootstrap 内置的样式名称，否则不能覆盖。

　　示例 1 添加外边框并没有使用 border 属性，而是使用 outline 属性。outline 和 border 都是给元素加边框，支持的属性值几乎都是一样的。例如，outline-style 和 border-style 值 dotted、dashed、solid 等。outline 和 border 不一样的地方是 outline 不占空间，这对精细设计是非常重要的。

　　在默认的盒模型下，假设元素 100px*100px，给元素设置 border:10px solid，则实际该元素占据的尺寸至少就是 120px*120px，元素的偏移、布局都需要改变。但是 outline 却不用考虑这个问题，即使设置 outline:100px solid，元素占据的尺寸还是 100px*100px。这种行为表现，与 transform 以及 box-shadow 等 CSS3 属性很类似，虽然加了外边框，但占据的真实空间没有影响。因此，在实现一些交互效果的时候，例如 hover 变化，开发人员就可以专注于效果本身，而不用被布局所左右。

　　示例 1 的效果如图 2.2 所示。

图 2.2　一列的栅格系统

其中显示的"第一列"是栅格系统的第一列,外侧的边框是容器边框。通过图2.2能够直观地看出第一列占整个容积的1/12,其中".container"容器居中显示。

通过浏览器工具查看".container"的 CSS 代码,Firefox 或者 Chrome 在页面上点击 F12 键,结果如图 2.3 所示(这里使用的是 Firefox 浏览器,其他浏览器显示效果有差别)。

图 2.3　浏览器调试

从图 2.3 中可以看到.container 类使用类如下代码:

```
@media (min-width: 768px)
.container {
    width: 750px;
}
.container {
    padding-right: 15px;
    padding-left: 15px;
    margin-right: auto;
margin-left: auto;
}
```

上面的代码在第 1 章讲解过,是媒体查询,常用于响应式设计,表示当屏幕最小宽度是 768px 时,执行@media (min-width: 768px)下面的 CSS 代码。该代码段存在于 bootstrap.min.css 中。用于设置.container 容器的样式,如果需要修改.container 的样式,只需要在引用 bootstrap.min.css 之后再添加.container 样式即可,其他设置也是一样。

现在修改示例 1 的代码在<div class="row"></div>中添加 12 个<div class="col-md-1">第 n 列</div>,如示例 2 的代码段所示。

⮞示例 2

```
<!DOCTYPE html>
<html lang="en">
<head>
    <meta charset="UTF-8">
```

```
        <meta name="viewport" content="width=device-width, user-scalable=no, initial-scale=1.0, maximum-scale=1.0,
minimum-scale=1.0"/>
        <link rel="stylesheet" href="../bootstrap.min.css"/>
        <style>
            body {
                margin: 30px;
            }
            .container{
                outline: 1px solid black;
            }
            .col-md-1 {
                outline: 1px solid black;
                padding:10px;
            }
        </style>
        <title>栅格系统</title>
        <script src="../jquery-1.10.2.min.js"></script>
        <script src="../bootstrap.min.js"></script>
</head>
<body>
<div class="container">
    <div class="row">
        <div class="container">
            <div class="row">
                <div class="col-md-1">第 1 列</div>
                <div class="col-md-1">第 2 列</div>
                <div class="col-md-1">第 3 列</div>
                <div class="col-md-1">第 4 列</div>
                <div class="col-md-1">第 5 列</div>
                <div class="col-md-1">第 6 列</div>
                <div class="col-md-1">第 7 列</div>
                <div class="col-md-1">第 8 列</div>
                <div class="col-md-1">第 9 列</div>
                <div class="col-md-1">第 10 列</div>
                <div class="col-md-1">第 11 列</div>
                <div class="col-md-1">第 12 列</div>
            </div>
        </div>
    </div>
</div>
</body>
</html>
```

运行示例 2，效果如图 2.4 所示。

图 2.4　12 栅格系统

由示例 2 可以看出，每一个设置 class="col-md-1"的容器占据整个 row 的 1/12。但有时候，每一列所占据的宽度却并不是 1/12，而且每一行也不都是 12 列。比如一行只有两列，左侧列占 12 栅格系统的 4 份，右侧列占 8 份，该如何实现？修改示例 2 的代码如示例 3 所示。

示例 3

```html
<!DOCTYPE html>
<html lang="en">
<head>
    <meta charset="UTF-8">
    <meta name="viewport" content="width=device-width, user-scalable=no, initial-scale=1.0, maximum-scale=1.0, minimum-scale=1.0"/>
    <link rel="stylesheet" href="../bootstrap.min.css"/>
    <style>
        body {
            margin: 30px;
        }
        .container {
            outline: 1px solid black;
        }
        .col-md-4, .col-md-9{
            outline: 1px solid black;
        }
    </style>
    <title>栅格系统</title>
    <script src="../jquery-1.10.2.min.js"></script>
    <script src="../bootstrap.min.js"></script>
</head>
<body>
<div class="container">
    <div class="row">
        <div class="col-md-4">col-md-4</div>
        <div class="col-md-8">col-md-8</div>
    </div>
</div>
</body>
</html>
```

在示例 3 中通过 class="col-md-4"和 class="col-md-8"将.container 容器分成两份，左侧占总

份数的四份，右侧占总份数的八份，总和依旧是 12 份。

注意在设置单元格样式的时候应该使用对应的样式，class="col-md-4"和 class="col-md-8"分别对应左侧列和右侧列。最终效果如图 2.5 所示。

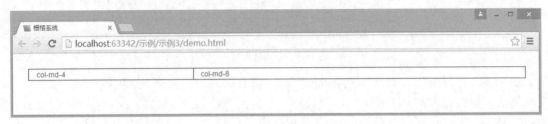

图 2.5　两列栅格布局

在示例 2 和示例 3 中，无论是示例 2 的 12 个"col-md-1"，还是示例 3 中的"col-md-4"和"col-md-8"，总和都是 12。前文讲过，栅格系统的最大列数是 12 列，也就是说最多只能放 12 列在一行里，如果大于 12 列会出现一行装不下的效果。

修改示例 2 的代码，在<div class="row"></div>内部再次添加如下代码：

<div class="col-md-1">col-md-1</div>

或者将示例 3 的<div class="col-md-8"> col-md-8</div>修改为如下所示代码：

<div class="col-md-9">col-md-9</div>

运行页面，效果分别如图 2.6 和图 2.7 所示。

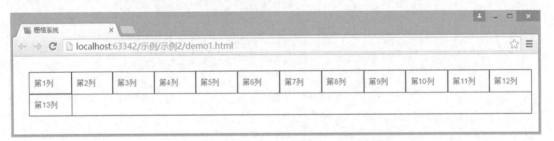

图 2.6　13 个栅格

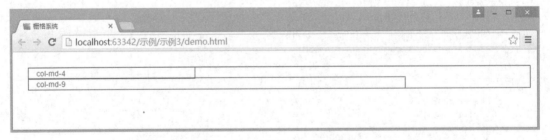

图 2.7　4 份栅格和 9 份栅格

无论是总列数大于 12，还是样式表中设置的列数和大于 12，都会将多余的部分折到下一行，因此使用栅格系统无论怎样设置，总之列数总和不能大于 12 列。不过，如果总数小于 12 列，所有列是左对齐，就是从左到右排列，最后在右侧留有空白。

1.1.2　栅格系统的列偏移

默认的栅格系统从左到右填充整个 container 容器，即使列的总数小于 12 列，也是靠左对齐，右边是空白，恰恰很多时候栅格数量不满 12 列，而且需要在左右都留有空白，甚至栅格与栅格之间也需要留有空白，这种效果该如何实现？

通过以前所学的知识，可以用 margin 或 padding 来实现。但是这里有一个问题，如果使用 margin 或 padding，就需要重新改变列的宽度或高度。

在学习盒模型的时候提到过，元素的 padding、margin、border 等是占据盒模型的宽度和高度的，比如设置 div 的宽度为 width=100px，实际上是指 div 的内容宽度为 100px，如果设置左右 border 为 10px，左右 padding 为 20px，左右 margin 为 30px，则 div 的实际宽度和占位已经不是 100px，如图 2.8 所示。

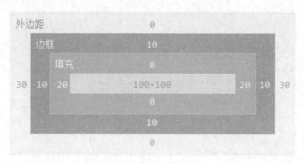

图 2.8　CSS 盒模型

通过图 2.8 可以看出，给 div 元素添加了 padding、border 和 margin 以后，元素的宽度变成：实际宽度=width+(padding-left)+(border-left)+(padding-right)+(border-right)。

实际宽度就变成了 160px，而 div 实际在页面中的占位除了本身的 160px 以外还要加上两侧的 margin，也就是设置宽度为 100px 的 div 实际占据的宽度为 220px，这里以宽度举例，高度也是一样。

因此在栅格系统中，设置列之间的间距或者左侧留出空白，如果使用 padding 或者 margin，就出现一个设置值的问题，对于不同大小的屏幕或分辨率，如何界定 margin 和 padding 的值是很难做到的，所以在栅格系统中提出了列偏移的概念。

列偏移是指使用.col-md-offset-*可以将列偏移到右侧。这些 class 通过使用*选择器将所有列增加了列的左侧 margin。例如，.col-md-offset-4 将.col-md-4 向右移动了 4 个列的宽度。

下面的代码在栅格系统中添加了两个.col-md-4 的栅格，总数是 8 列，默认是左对齐，右侧留有空白。运行效果如图 2.9 所示。

```
<!--省略其余 HTML 代码-->
<div class="container">
    <div class="row">
    <!--设置两个 4 列栅格-->
        <div class="col-md-4">col-md-4</div>
        <div class="col-md-4">col-md-4</div>
    </div>
</div>
```

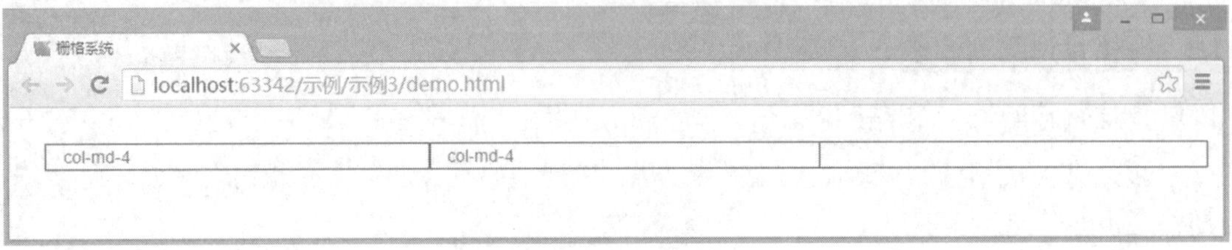

图 2.9 8 列栅格

栅格是靠左侧对齐，如果想要居中或者左侧留有空白，需要使用列偏移。修改代码如示例 4 所示。

●示例 4

```
<!DOCTYPE html>
<html lang="en">
<head>
    <meta charset="UTF-8">
    <meta name="viewport" content="width=device-width, user-scalable=no, initial-scale=1.0, maximum-scale=1.0,
minimum-scale=1.0"/>
    <link rel="stylesheet" href="../bootstrap.min.css"/>
    <style>
        .container{
            outline: 1px solid black;
        }
        .col-md-4 {
            outline: 1px solid black;
            background: pink;
        }
    </style>
    <title>栅格偏移</title>
    <script src="../jquery-1.10.2.min.js"></script>
    <script src="../bootstrap.min.js"></script>
</head>
<body>
<div class="container">
    <div class="row">
        <div class="col-md-4 col-md-offset-1" >col-md-4</div>
        <div class="col-md-4 col-md-offset-1">col-md-4</div>
    </div>
</div>
</body>
</html>
```

示例 4 中使用了 class="col-md-4 col-md-offset-1"，col-md-4 我们已经知道是设置宽度为 4 份的栅格宽度，col-md-offset-1 表示将这个栅格向右移动一列，同时该栅格后面的栅格也同样移动，效果如图 2.10 所示。

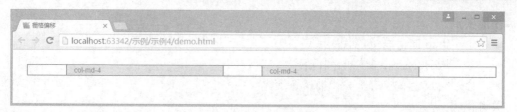

图 2.10　栅格列偏移

如果是一行的栅格整体右偏移，只需要给当前行的第一个栅格添加 col-md-offset-1（此处示例表示右偏移一列，可以通过修改 col-md-offset 后面的数字来实现其他偏移量）即可，后面的栅格会随着第一个栅格偏移。

如果想要使每一个栅格之间有间距，可以在每一个栅格之间添加 col-md-offset，例如在第二个栅格之间添加 col-md-offset-1，效果如图 2.11 所示。

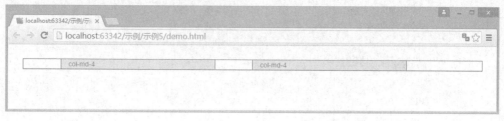

图 2.11　栅格添加间距

这里还需要注意，栅格的总数和偏移的总数依然不能超过 12 列，否则依然会换行。

操作案例 1：制作音乐网站首页

需求描述

在页面中使用 Bootstrap 创建网页布局。

- 　页面整体分为上中下三部分，中间部分分为左右两部分。
- 　使用自定义样式设置页面效果。

实现效果

创建页面效果如图 2.12 所示。

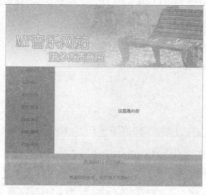

图 2.12　音乐网站首页

技能要点

- Bootstrap 栅格系统的使用（中屏）。
- 会使用 Bootstrap 栅格的列偏移。
- 会使用自定义样式，美化栅格系统。

关键代码

```
/*设置单元格边框*/
    .col-md-8,.col-md-2,.col-md-6 {
        outline: 1px solid #999;
    }
/*设置单元格样式*/
    .col-md-2 {
        background: #FF3300;
        text-align: center;
        height: 280px;
    }
/*设置左侧导航的链接效果*/
    .col-md-2 a {
        color: blue;
        font-weight: bold;
        text-shadow: none;
        display: block;
    }
<div class="row">
<!--设置列偏移-->
        <div class="col-md-8 col-md-offset-2 banner"></div>
</div>
```

实现步骤

（1）创建 HTML5 界面，引入 meta。

```
<meta name="viewport" content="width=device-width, user-scalable=no, initial-scale=1.0,
maximum-scale=1.0, minimum-scale=1.0"/>
```

（2）按顺序引入 bootstrap.min.css、jQuery、bootstrap.min.js 文件。

（3）添加栅格系统。

（4）引入 bg.jpg 图片，依据图片宽度设置栅格属性，第一行栅格 8 列偏移两列。

（5）以第一行栅格为标准设置第二行和第三行的栅格。

（6）设置导航 a 标签的样式。

1.1.3 栅格系统的列交换

在有些网站中，为了不同的效果会有好几套 CSS 样式，当使用不同的 CSS 样式时，甚至整个网站的风格都会发生变化，使用 Bootstrap 设计网页，同样也会遇到版面更改的问题。比如网页设计时采用的是左侧导航占四分之一，右侧内容占四分之三的模式。而在有些情况下客户要求左右部分互换，即导航部分放置在网页的右侧，如示例 5 所示左侧是导航部分。

⊃示例 5

```
<!DOCTYPE html>
<html lang="en">
<head>
    <meta charset="UTF-8">
    <meta name="viewport" content="width=device-width, user-scalable=no, initial-scale=1.0, maximum-scale=1.0,
minimum-scale=1.0"/>
    <link rel="stylesheet" href="../bootstrap.min.css"/>
    <style>
        .col-md-3, .col-md-9 {
            outline: 1px solid black;
            background: pink;
            height:300px;
        }
    </style>
    <title>栅格互换</title>
    <script src="../jquery-1.10.2.min.js"></script>
    <script src="../bootstrap.min.js"></script>
</head>
<body>
<div class="container">
    <div class="row">
        <div class="col-md-3" >col-md-3</div>
        <div class="col-md-9">col-md-9</div>
    </div>
</div>
</body>
</html>
```

示例 5 显示效果如图 2.13 所示。

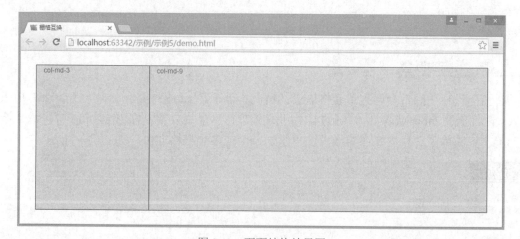

图 2.13　页面结构效果图

图 2.13 模拟了整个页面结构，左侧导航占总页面的四分之一，右面内容区域占总内容的四分之三。当页面重新排版时，需要左侧导航和右侧内容相互调换，该如何处理？

有读者会说将左侧的 HTML 代码和右侧 HTML 代码对调即可，理论上是完全可以实现的，但是如果左侧导航的内容或者右侧主体的内容比较多，替换起来非常麻烦，而且如果因为修改页面的呈现样式而修改大量的 HTML 代码，就违背了样式和结构分离的原则。

实际上 Bootstrap 中提供了两列左右进行对调的样式，开发人员只需要使用两个样式就能够完成复杂的工作。修改示例 5 的部分代码如下：

```
<div class="row">
        <div class="col-md-3 col-md-push-9" >col-md-3</div>
        <div class="col-md-9 col-md-pull-3">col-md-9</div>
</div>
```

注意上面的代码加粗部分，col-md-push-9 表示将<div class="col-md-3 col-md-push-9">col-md-3</div>这个 div 向右移动 9 个栅格位置，同时 col-md-pull-3 表示将<div class="col-md-9 col-md-pull-3">col-md-9</div>向左移动 3 个栅格位置，做到左右交换。

左右交换并不是左侧元素和右侧元素位置上进行交换，而是在显示过程中，将左侧元素向右移，将右侧元素向左移动。如示例 5 中，将左侧元素向右移动 9 个栅格位置，将右侧元素向左移动 3 个栅格位置，实现左右交换的效果。运行效果如图 2.14 所示。

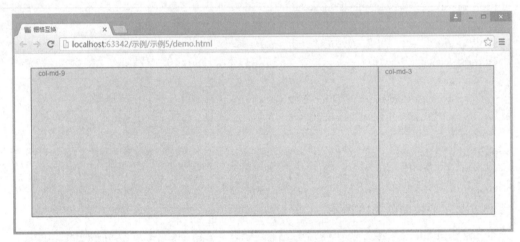

图 2.14　左右元素调换

1.1.4　栅格系统的嵌套

在页面设计中经常会遇到单元格嵌套的情况，最早是 table 内部嵌套另一个 table，后来使用 div 内部嵌套 table 或者 div，通过样式进行处理得到最终效果。在 Bootstrap 中，单元格的嵌套就比较简单了。只需要在栅格内部再添加一个或多个栅格即可，如示例 6 所示。

⊃示例 6

```
<!DOCTYPE html>
<html lang="en">
<head>
```

```
    <meta charset="UTF-8">
    <meta name="viewport" content="width=device-width, user-scalable=no, initial-scale=1.0,
maximum-scale=1.0, minimum-scale=1.0"/>
    <link rel="stylesheet" href="../bootstrap.min.css"/>
    <style>
        .container{
            outline: 1px solid black;
        }
        /*设置栅格样式*/
        .col-md-3, .col-md-9 {
            outline: 1px solid black;
            background: pink;
            height: 40px;
        }
        /*设置内部栅格样式*/
        .col-md-6{
            outline: 1px solid black;
            background: #9cff64;
        }
    </style>
    <title>栅格嵌套</title>
    <script src="../jquery-1.10.2.min.js"></script>
    <script src="../bootstrap.min.js"></script>
</head>
<body>
<div class="container">
    <div class="row">
        <!--外侧左面栅格-->
        <div class="col-md-3" >col-md-3</div>
        <!--外侧右面栅格-->
        <div class="col-md-9">Level1：col-md-9
            <!--内部栅格-->
            <div class="row">
                <div class="col-md-6">col-md-6</div>
                <div class="col-md-6">col-md-6</div>
            </div>
        </div>
    </div>
</div>
</body>
</html>
```

示例 6 演示了栅格系统中又嵌套了一套栅格系统，在外侧栅格中，右侧的栅格占 9 份，在右侧栅格中添加了一行 class="row"，在其内部又添加了两列（都是 col-md-6，为了演示效果分别添加不同的背景）。运行页面效果如图 2.15 所示。

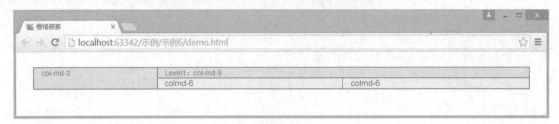

图 2.15　嵌套栅格

在嵌套的栅格系统中，内部的栅格数量依旧最大为 12 份，而且它的宽度是以外侧栅格为标准，假设示例 6 中外侧栅格 col-md-9 的宽度为 500px，则其内部的所有栅格的最大宽度和只能是 500px。

1.2　响应式栅格

如果对 CSS 和 HTML 熟悉的读者会有这样的疑问，使用 CSS 和 div 同样也能实现栅格系统，为什么还要下载 Bootstrap 实现？

使用 CSS 和 div 实现栅格系统在分辨率固定的屏幕上是没有问题的，之前的网页都是在 PC 端显示，分辨率和可视窗口的大小都比较好设置，但是现在随着移动设备的普及，使用平板电脑、智能手机上网的比率越来越大，甚至已经超过使用 PC 机。这就给网页设计人员提出一个问题，终端设备可视窗口的大小、分辨率是很随意的，如果使用简单的 div 和 CSS 的方式，元素的宽度几乎是不能控制的，需要使用大量的 CSS 和 js 代码来对可视窗口、分辨率的大小进行判断。而 Bootstrap 内置的响应式栅格系统能够很好地解决这个问题。

Bootstrap 内置了一套响应式、移动设备优先的流式栅格系统，随着屏幕设备或视口（viewport）尺寸的增加，系统会自动分为最多 12 列。它包含了易于使用的预定义 class，还有强大的 mixin 用于生成更具语义的布局。

Bootstrap3.x 使用了四种栅格选项来形成栅格系统，这四种选项在官网上的介绍如表 2.1 所示。

表 2.1　响应式栅格系统

	超小屏幕手机 （<768px）	小屏幕平板 （≥768px）	中等屏幕桌面显示器 （≥992px）	大屏幕桌面显示器 （≥1200px）
栅格系统行为	总是水平排列	开始是堆叠在一起的，当大于这些阈值时将变为水平排列		
.container 最大宽度	None（自动）	750px	970px	1170px
类前缀	.col-xs-	.col-sm-	.col-md-	.col-lg-
列（column）数	12			
最大列宽	自动	~62px	~81px	~97px
槽（gutter）宽	30px（每列左右均有 15px）			
可嵌套	是			
偏移（offsets）	是			
列排序	是			

　　四种栅格选项之间的区别只有一条，就是适合不同尺寸的屏幕设备。我们看类前缀这一项，姑且以前缀命名这四种栅格选项，他们分别是.col-xs、.col-sm、.col-md、.col-lg。lg 是 large 的缩写，md 是 mid 的缩写，sm 是 small 的缩写，xs 是 x-small 的缩写。这样命名就体现了这几种 class 适应的屏幕宽度不同。

　　通过表 2.1 能够看出，随着移动终端设备的普及，需要适配 4 种类型的浏览器，分别是超小屏、小屏、中屏和大屏。凡是小于 768px 的都是超小屏，手机屏幕一般是超小屏，小屏的像素在 768px～992px 之间，一般是 iPad 之类的平板电脑，中屏的像素是 992px～1200px 之间，通常是指小屏幕的台式电脑或笔记本电脑，大于 1200px 的设备属于大屏，就是大屏幕的电脑，或更大屏幕的设备。

　　对于不同的设备，Bootstrap 的栅格系统会有不同的响应方式。

　　对于超小型屏幕，由于浏览器一般不能调整大小，因此栅格系统都是水平排列的，对于其他类型的屏幕，当浏览器的宽度小于规定的阈值时，比如大屏幕视口 PC 端的浏览器，当手动缩小到小于 1200px 的时候，栅格是堆叠在一起的，当把浏览器放大后也会水平排列。

　　对于不同的视口，栅格系统最外层的.container 容器的最大宽度也是不一样的。如果是超小屏幕，.container 的宽度根据视口大小自动分配，小屏幕.container 的最大宽度是 750px，中等屏幕的宽度是 970px，大屏幕的宽度是 1170px，这些数据在 Bootstrap 中已经固定，使用者不需再设置。

　　栅格系统的列数最大是 12 列，可以通过 col-xs、col-sm、col-md、col-lg 类后面的数字来设置每一列占有的实际列宽，在上文中已经演示，此处不再赘述。

　　对于超小屏，每一列的宽度是自动设置的，小屏幕的最大列宽是 62px，中屏最大宽度是 81px，大屏最大列宽是 97px，所谓最大列宽是只在.container 取阈值时的一列（col-md-1）的宽度。

　　在之前的示例中，都是以 col-md 中等屏幕为例，但是一个网站总是能够被很多种终端设备访问，开发人员不必为每一种设备编写一套 CSS 样式和 HTML 结构，那样太繁琐，可以通过跨设备组合的方式实现 Bootstrap 对终端设备的自动判断，如示例 7 所示。

⊃ 示例 7

```
<!--省略其余 HTML 代码-->
<div class="container">
    <div class="row">
    <!--在小屏幕下显示 12 列，中屏显示 8 列-->
        <div class="col-sm-12 col-md-8">.col-sm-12 .col-md-8</div>
        <!--在小屏幕下显示 6 列，中屏显示 4 列-->
        <div class="col-sm-6 col-md-4">.col-sm-6 .col-md-4</div>
    </div>
    <div class="row">
    <!--在小屏幕下显示 6 列，中屏显示 4 列-->
        <div class="col-sm-6 col-md-4">.col-sm-6 .col-md-4</div>
        <div class="col-sm-6 col-md-4">.col-sm-6 .col-md-4</div>
        <div class="col-sm-6 col-md-4">.col-sm-6 .col-md-4</div>
```

Chapter 2

```
        </div>
        <div class="row">
        <!--在小屏幕下显示 6 列-->
            <div class="col-sm-6">.col-sm-6</div>
            <div class="col-sm-6">.col-sm-6</div>
        </div>
    </div>
```

示例 7 演示了跨设备组合的方式实现栅格系统，第一个 class="row"中有两列，第一列在小屏下显示 12 列，第二列在小屏显示 6 列，总数大于 12 列，因此在小屏上是分两行显示。在中屏上左侧占 8 列，右侧占 4 列，因此在一行上显示。

第二个 class="row"中有三列，在小屏上都是以 6 列的方式显示，因此前两个列一行，最后一列一行，在中屏上显示为一行，每列占 4 份栅格。

第三个 class="row"中设置小屏各占 6 份栅格。显示效果分别如图 2.16 和图 2.17 所示。

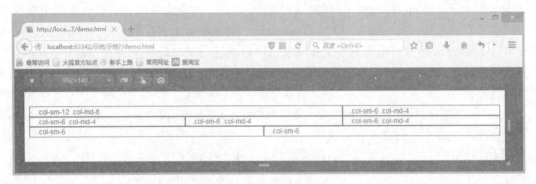

图 2.16　中屏显示效果

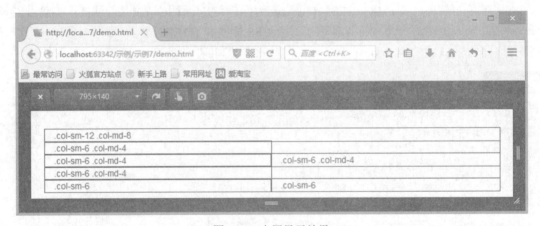

图 2.17　小屏显示效果

注意中屏和小屏的分界点是 992px，视口大于等于 992px 的是中屏，显示效果如图 2.16，都在一行上显示，当视口小于 992px 时，变为小屏效果，采用.col-sm 的效果如图 2.17 所示。除了第三个 Row 之外全部是两行。如果再继续缩小屏幕，采用超小屏会全部堆叠在一起，设置的效果就无效了。

首先查看示例 7 的 Bootstrap 源码：

```
/*小屏幕*/
@media (min-width: 768px)
.container {
    width: 750px;
}
/*中屏幕*/
@media (min-width: 992px)
.container {
    width: 970px;
}
/*大屏幕*/
@media (min-width: 1200px)
.container {
    width: 1170px;
}
```

通过上面代码可以看出，每一个样式中都含有 min-width 属性，宽度不同对应的屏幕大小不同，通过示例 7 可以看出，min-width 设置的样式是向大兼容，也就是说，在小屏幕中设置的样式在中屏或大屏中样式不变，但是如果在大屏设备中设置的样式，在中屏显示，样式会发生改变，向小不兼容。

示例 7 中设置的样式是小屏和中屏，当把屏幕缩小到小于 768px 的时候，CSS 不满足上面任意一个条件，所有的样式都不起作用。因为小于 768px 属于超小屏，.container 的宽度和列的宽度都是自动的，因此就都从上到下堆叠在一起了。

在使用 Bootstrap 制作栅格系统时，一定要做好规划。一个网站在电脑端显示几列，在手机端显示几列，需要同时使用不同的栅格类定义。

⊃示例 8

```
<!--省略其余 HTML 代码-->
<div class="container">
        <div class="row">
                <div class="col-xs-6 col-sm-3">div1:.col-xs-6 .col-sm-3 春眠不觉晓，处处闻啼鸟。
                        夜来风雨声，花落知多少。</div>
                <div class="col-xs-6 col-sm-3">div2:.col-xs-6 .col-sm-3</div>
                <div class="col-xs-6 col-sm-3">div3:.col-xs-6 .col-sm-3</div>
                <div class="col-xs-6 col-sm-3">div4:.col-xs-6 .col-sm-3</div>
        </div>
</div>
```

示例 8 设置 4 个 div 在超小屏幕下，分别是 6 份栅格。小屏幕下分别是 3 份栅格。因此在小屏、中屏和大屏上显示为 4 列，每列 3 份栅格，当设置小屏幕的时候应该是两行（每行 12 份栅格），如图 2.18 所示。

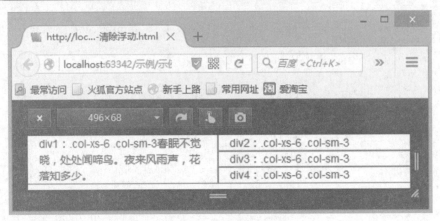

图 2.18　格式怪异的栅格

显示效果却出人意料，应该是 div1 和 div2 一行，div3 和 div4 一行。结果显示 div1 独占 3 行，div2、div3、div4 各占一行，类似于 table 中的合并单元格。

为什么会出现这种情况？这是因为在栅格系统中启用了浮动效果（float），元素的高度不可控制，只需要清除浮动效果即可，在 CSS 中可以使用 clear 清除浮动。但是在 Bootstrap 中可使用如下方法：

```
<div class="clearfix visible-xs">
```

将该代码放在要清除浮动的元素之前，在示例 8 中放在 div3 之前。表示在该 div 处清除浮动，visible-xs 标识该元素在超小屏有效果，在中屏、大屏上无效。显示效果如图 2.19 所示。

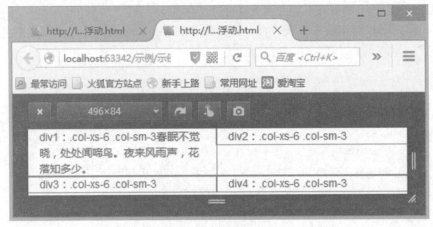

图 2.19　清除浮动

操作案例 2：组合栅格系统

需求描述

操作案例 1 只能在中小屏幕或中屏以上显示，当设备是超小屏的时候，就不能正常显示，因此需要修改操作案例 1，设置超小屏的显示效果，在小屏幕及以上显示图 2.12 所示的效果，在超小屏幕（手机）显示图 2.20 的效果。

完成效果

运行效果如图 2.20 所示。

图 2.20　小屏幕效果

技能要点

- 栅格系统的使用。
- 使用组合栅格系统适应各种视口。
- 修改栅格系统的样式。

关键代码和实现步骤

（1）设置最上方的 banner 在超小屏下不可见，hidden-xs 表示在超小屏下不可见，其他都是可见的。代码如下：

```
<div class="row">
        <div class="col-sm-8 col-sm-offset-2 banner hidden-xs"></div>
</div>
```

（2）设置侧边栏的导航在小屏幕及以上可见，在超小屏幕下不可见。代码如下：

```
<div class="col-sm-2 col-sm-offset-2 hidden-xs">
      <a href="">首页</a><br/>
      <a href="">古典音乐</a><br/>
      <a href="">现代流行</a><br/>
      <a href="">爵士音乐</a><br/>
      <a href="">70 后音乐</a><br/>
      <a href="">80 后音乐</a><br/>
      <a href="">90 后音乐</a>
</div>
```

（3）添加小屏幕可视导航，当在小屏幕时导航可见，在其他屏幕时导航不可见，就是添加两部分导航，在不同的屏幕下交替出现。代码如下：

```
<div class="row visible-xs">
      <div class="col-xs-4"><a href="">首页</a></div>
      <div class="col-xs-4"><a href="">古典音乐</a></div>
      <div class="col-xs-4"><a href="">现代流行</a></div>
      <div class="col-xs-4"><a href="">爵士音乐</a></div>
```

```
<div class="col-xs-4"><a href="">70 后音乐</a></div>
<div class="col-xs-4"><a href="">80 后音乐</a></div>
<div class="col-xs-4"><a href="">90 后音乐</a></div>
</div>
```

要想在不同的屏幕下显示不同的信息，可以先将变换的部分制作多套程序，在显示的时候根据屏幕确定显示部分。

2 CSS 布局概要

2.1 CSS 布局简介

CSS 布局语法是 Bootstrap 三大核心内容的基础，Bootstrap 中的表单、布局甚至 JS 框架都含有 CSS 布局的基础。后面所学的所有内容都会涉及 CSS 的布局。

使用 Bootstrap 的 CSS 布局能够通过最简单、最基础的组合实现网页的开发，能够快速制作出精美的页面。

Bootstrap v3 内部已经设定好了一整套基于移动设备优先的 CSS 样式，开发人员只需要使用最基本的 HTML 标签以及对应的样式（如 class）进行组合，不必自己再设计甚至编写冗长的 CSS 代码就能设计制作出符合用户需求的界面，使得网页制作人员的工作量大大降低。而且，Bootstrap 内置了很多精美的图标，可应用在 PC 端、移动设备端，能够满足不同用户的需求，也减少了 UI 设计师的工作量。如果 Bootstrap 内置的 CSS 不能满足用户需求，开发人员也没必要深入研究修改 Bootstrap 的内置代码，只需要了解对应的标签使用的样式功能就可以，修改对应的样式，将自定义的样式覆盖 Bootstrap 的原始样式就可以了。

首先看图 2.21 所示的这个页面。

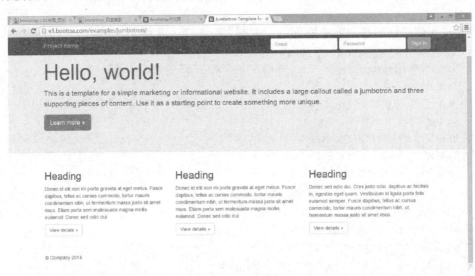

图 2.21　示例页面

这是 Bootstrap 官网的一个示例页面，网址：http://v3.bootcss.com/examples/jumbotron/。如

果从零开始制作页面，需要设计页面，编写 CSS 样式，由于顶部还有吸顶功能，所以还要写大量的 js 代码来实现该功能，因此制作起来是比较繁琐的，而如果使用 Bootstrap 制作就简单多了，后文会演示如何使用 Bootstrap 制作这个页面。

使用 Bootstrap 的 CSS 系统有以下几点要说明：

1. Bootstrap 必须使用 HTML5 类型的页面创建

在第 1 章中，我们已经使用 Bootstrap 创建过几个页面，如果读者已经实际操作的话，应该会知道所有的使用 Bootstrap 的页面都是以 HTML5 为基础的。也就是说要使用 Bootstrap 必须在 HTML5 结构的文档模型中使用，否则是不支持 Bootstrap 的。最直观的就是 Bootstrap 必须构建在<!DOCTYPE html>文档之上。

2. 移动先行

在第 1 章的内容中就讲解过 Bootstrap 目前比较成熟的版本是 v3.3.5，而本书用的也是这个版本。从 v3.3.5 开始，Bootstrap 就提倡移动先行，因此要考虑到视口不同、分辨率不一的移动设备。因此需要进行响应式设计，响应式网页设计利用同样的 HTML 文档来适配所有的终端设备，响应式网页设计会根据设备屏幕的大小加载不同的样式，从而在不同的终端设备上呈现最优的网页布局。所以在使用 Bootstrap 开发响应式网站时，通常就是把下面的代码添加到 head 标签中：

```
<meta name="viewport" content="width=device-width, initial-scale=1.0, maximum-scale=1.0, user-scalable=no">
```

该 meta 标签的作用在第 1 章已经讲解过，在此不再赘述。

3. 响应式图片

图片和其他元素不同，如 div、p 等完全可以按照开发者的喜好进行设置，但是图片不能随便设置，因为不同图片的分辨率、宽高比例是不一样的，如果随便改变分辨率或者宽高比例，会使图片失真、变形。在桌面的 PC 屏幕上和移动设备显示效果不同，Bootstrap 通过对图片标签简单的设置能够保证在不同的分辨率以及视口下的图片显示效果相同，不会出现失真、拉伸变形之类的问题。

4. Normalize.css

Normalize.css 只是一个很小的 CSS 文件，在 Bootstrap 中已经被使用，主要作用是在默认的 HTML 元素样式上提供了跨浏览器的高度一致。

在浏览器中，如果不设置标签的样式，浏览器会使用标签的默认值，但是不同的浏览器默认值是不一样的，比如文本框的默认高度、密码框的默认宽度等，而 Normalize.css 能保证在不同的浏览器中使默认样式保持一致，Normalize.css 支持包括手机浏览器在内的很多浏览器，同时对 HTML5 元素、排版、列表、嵌入的内容、表单和表格都进行了一套标准的设置。

2.2　基础排版

很多网页设计师在页面设计之前都会引入一个 reset.css 文件，用于将所有的浏览器的自带样式（如 margin、padding）重置掉，因为不同的浏览器对这些值的默认设置不一样，所以同样的代码在不同的浏览器中显示有差异，因此先把不同的样式去掉，然后再设置值，这样更易于保持各浏览器渲染的一致性。

在 Bootstrap 中也有设计好的标签样式，使用 Bootstrap 时，直接调用就可以。下面的章节就 Bootstrap 的样式进行详细说明。

2.2.1 标题

Bootstrap 为传统的标题 h1～h6 重新定义了标准的格式，使得在所有的浏览器下显示一样。表 2.2 演示了 h1～h6 的标准样式信息。

表 2.2 h1-h6 的样式

元素	字体大小	计算比例	其他
h1	36px	14px*2.60	margin-top:20px margin-bottom:10px;
h2	30px	14px*2.15	
h3	24px	14px*1.70	
h4	18px	14px*1.25	margin-top:10px margin-bottom:10px;
h5	14px	14px*1.00	
h6	12px	14px*0.85	

其中 h1～h3 增加了 margin-top 为 20px，margin-bottom 为 10px，而 h4～h6 的 margin-top 和 margin-bottom 都是 10px。

下面通过示例 9 演示一下标题元素的用法。

➲示例9

```
<!--其余 HTML 代码省略-->
    <!--viewport 适用于不同视口-->
<meta name="viewport" content="width=device-width, user-scalable=no, initial-scale=1.0, maximum-scale=1.0, minimum-scale=1.0"/>
    <title></title>
<!--引入 bootstrap 样式文件-->
    <link rel="stylesheet" href="../bootstrap.min.css"/>
    <script src="../jquery-1.10.2.min.js"></script>
<!--引入 bootstrap.js 文件-->
  <script src="../bootstrap.min.js"></script>
</head>
<body>
<div class="container">
    <h1>这里是 h1 标签样式</h1>
    <h2>这里是 h2 标签样式</h2>
    <h3>这里是 h3 标签样式</h3>
    <h4>这里是 h4 标签样式</h4>
    <h5>这里是 h5 标签样式</h5>
    <h6>这里是 h6 标签样式</h6>
</div>
<!--其余 HTML 代码省略-->
```

示例 9 中定义了 h1～h6 的 6 个标签，没有自定义任何样式，使用的是 Bootstrap 默认样式，显示效果如图 2.22 所示。

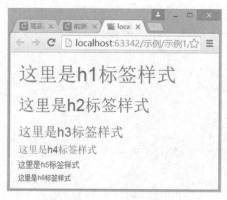

图 2.22　标题样式

读者可以在不同的浏览器中运行该页面，查看效果，会发现在所有的浏览器中显示的效果是完全相同的，因为 Bootstrap 设置了统一的样式，避免了浏览器显示的差异。

同时 Bootstrap 还定义了 6 个 class 样式（.h1～.h6），和 h1～h6 的标签样式一一对应，可以让非标题元素也有同样的样式，但是 class 样式没有定义 margin-top 和 padding-top。示例 10 演示了非标题元素的样式效果。

⊃示例 10

```
<!--其余 HTML 代码省略-->
<div class="container">
    <span class="h1">这里是 span 使用 class="h1"标签样式</span><br/>
    <span class="h2">这里是 span 使用 class="h2"标签样式</span><br/>
    <span class="h3">这里是 span 使用 class="h3"标签样式</span><br/>
    <span class="h4">这里是 span 使用 class="h4"标签样式</span><br/>
    <span class="h5">这里是 span 使用 class="h5"标签样式</span><br/>
    <span class="h6">这里是 span 使用 class="h6"标签样式</span>
</div>
<!--其余 HTML 代码省略-->
```

由于结构代码和示例 1 相同，因此省略结构代码，本章后面的示例也是一样。

运行示例 10，显示效果如图 2.23 所示。

图 2.23　h1～h6 的类样式

2.2.2　主体内容

仔细观察图 2.22 和图 2.23，发现图 2.23 用 span 标签的行与行之间几乎没有间距，这是因为示例 10 的 span 使用的是.h1～.h6 的类样式表，没有 margin-top 和 padding-top，因此文本之间没有间距。

默认情况下，Bootstrap 为全局设置的字体大小（font-size）为 14 像素，间距（line-height）为字体大小的 1.428 倍（即约为 20px），该设置应用于\<body\>元素和所有的段落上。下面是 Bootstrap 的源代码：

```
body {
        font-family: "Helvetica Neue", Helvetica, Arial, sans-serif;
        font-size: 14px;
        line-height: 1.428571429;
        color: #333;
        background-color: #fff;
}
```

另外，\<p\>元素内的段落会有一个额外的 margin-bottom，大小是行间距的一半（默认为10px），源码如下：

```
p { margin: 0 0 10px; }
```

如果想让一个段落突出显示，可以使用.lead 样式，其作用主要是增大字体大小、粗细、行间距和 margin-bottom。用法如下：

```
<p class="lead">...</p>
```

lead 样式的实现代码如下所示：

```
.lead {
        margin-bottom: 20px;
        font-size: 16px;
        font-weight: 200;
        line-height: 1.4;
}
@media (min-width: 768px) {        /*大中型浏览器字体稍大*/
        .lead { font-size: 21px; }
}
```

注意，Bootstrap 的排版设置默认值存储在 variables.less 文件中的两个 LESS 变量里，即@font-size-base 和@line-height-base。第一个用于设置字体大小，第二个用于设置行间距。系统默认使用这两个值产生整个页面相应的 margin、padding 和 line-height。通过修改这两个值后，再重新编译，从而制定自己的 Bootstrap 版本。本书不对 less 进行讲解，有兴趣的读者可以自己在网上查阅资料。

示例 11 以 p 标签为例演示全局字体的间距。

⊃示例 11

```
<!--其余 HTML 代码省略-->
<div class="container">
    <p>这是 p 标签在 bootstrap 中的显示样式</p>
```

```
    <p>这是 p 标签在 bootstrap 中的显示样式</p>
    <p class="lead">这是 p 标签在 bootstrap 中的显示样式添加 lead 样式</p>
</div>
<!--其余 HTML 代码省略-->
```

示例 11 运行效果如图 2.24 所示。

图 2.24　p 元素的页面效果

第一个和第二个 p 标签用的是 Bootstrap 的默认样式，字体和行高等样式继承的 body，margin 只设置底部间距为 10px，上部、左右都是 0px。

第三个 p 标签使用了.lead 样式，.lead 样式可用于标识突出效果，可以增加字号，粗细、行间距、margin-bottom 等。.lead 样式在不同的屏幕下显示的效果不一样，小屏幕中默认 16px，在大中屏幕下显示 21px 大小的字号。

2.2.3　对齐方式

Bootstrap 中已经有设计好的对齐方式，文本对齐也就是左对齐、居中和右对齐，在之前的 CSS 中，想要文本对齐首先写 CSS 样式。

```
.align{
    text-align:left;      /*左对齐*/
    text-align:right;     /*右对齐*/
    text-align:center;    /*居中*/
}
```

Bootstrap 的对齐系统就是使用的这几行代码。只是在使用时，直接引入定义好的类样式，类样式如下：

```
.text-left;      /*左对齐*/
.text-right;     /*右对齐*/
.text-center;    /*居中*/
```

与传统的 CSS 相比使用比较简单，见示例 12。

⇒示例 12

```
<!--其余 HTML 代码省略-->
<div class="container">
    <p class="text-left">这是 p 标签</p>
    <p class="text-center">这是 p 标签</p>
    <p class="text-right">这是 p 标签</p>
</div>
<!--其余 HTML 代码省略-->
```

示例 12 中，第一个 p 元素显示左对齐，第二 p 元素显示居中对齐，第三个 p 元素显示右对齐，使用时只需要在 HTML 元素中引入对应的类样式即可，不必再自己编写 CSS 样式，比较简单，效果如图 2.25 所示。

图 2.25　对齐方式

2.2.4　列表

在 HTML 中，列表通常是指有序列表（ol）和无序列表（ul），列表在网页排版中经常用到，在 Bootstrap 中使用有序列表和无序列表与传统的方法一样，只是对 margin 和行间距做了些微调。

通常使用列表的时候，都要去掉 li 前默认的点标识符，CSS 代码如下：

```
list-style:none;
```

在 Bootstrap 中实现同样的功能，无须设计 CSS 代码，只需要在标签中写入样式.list-unstyled 即可，就能实现去除 li 默认的黑点样式。

⊃示例 13

```
<!--其余 HTML 代码省略-->
<div class="container">
    <ul>
        <li>没有引入样式</li>
        <li>没有引入样式</li>
    </ul>
--------------------------------------
    <ul class="list-unstyled">
        <li>引入样式</li>
        <li>引入样式含有子 ul
            <ul><!--嵌套 ul-->
                <li>子 li</li>
                <li>子 li</li>
            </ul>
        </li>
        <li>引入样式</li>
        <li>引入样式含有 ol
            <ol>
                <li>子 li</li>
                <li>子 li</li>
```

```
            </ol>
        </li>
    </ul>
</div>
<!--其余 HTML 代码省略-->
```

示例 13 编写了两个 ul,第一个 ul 中没有引入任何样式,第二个 ul 引入了.list-unstyled,同时第二个 ul 中的 li 还包含了一个 ul 元素和一个 ol 元素。示例 13 的运行效果如图 2.26 所示。

图 2.26 列表样式

注意图 2.26 中的 li 内部的 ol 和 ul,并没有去除前面的标识符,因为.list-unstyled 只能去除当前 ul 里面的 li 的样式,对于子 ul 不做处理,如果想把子 ul 的样式也去掉,只能在去掉样式的 ul 或 ol 中添加.list-unstyled 样式。有读者会问,这样会不会有些麻烦,在 CSS 中只要写一个样式就能去除所有的 li 的标识符。其实这样做是为了照顾有些时候 ul 是需要前导标识符的,如果在全局上去除,再想加上就有些困难,因此为了增强灵活性就这样设计,而且如果整个项目中都不需要 li 的前导标识符,开发人员也可以使用 CSS 自己设计样式,与不使用 Bootstrap 的开发方式相同。

使用 ul 很多时候是为了导航,但是有相当一部分导航是水平排列的,而 li 是块元素,默认是竖直排列,开发人员为了使 li 水平排列,需要设置浮动、设置边距以及清除浮动等步骤。而在 Bootstrap 中只需引入 class="list-inline"即可。

⊃ 示例 14

```
<!--其余 HTML 代码省略-->
<ul class="list-inline">
    <li>首页</li>
    <li>用户管理</li>
    <li>内容管理</li>
    <li>企业邮箱</li>
    <li>产品列表</li>
    <li>联系我们</li>
```

```
            <li>帮助</li>
        </ul>
<!--其余 HTML 代码省略-->
```

运行效果如图 2.27 所示。

图 2.27　li 制作导航

从图 2.27 看出，实现相同的效果使用 Bootstrap 要比直接设置 CSS 方便许多，不需要写大量 CSS 代码，只要使用一个类样式就能实现相同的效果。即使 Bootstrap 默认的样式不符合要求，开发人员也可以通过覆盖默认样式进行修改。

HTML 的列表中还有一种定义列表（dl），Bootstrap 中设置了一种水平定义类表的样式（class="dl-horizontal"）。

⊃示例 15

```
<!--其余 HTML 代码省略-->
<div class="container">
    <dl class="dl-horizontal">
        <dt>
            标题
        </dt>
        <dd>这里是内容显示区域部分</dd>
        <dt>
            标题
        </dt>
        <dd>这里是内容显示区域部分</dd>
        <dt>
            标题
        </dt>
        <dd>这里是内容显示区域部分</dd>
    </dl>
</div>
<!--其余 HTML 代码省略-->
```

默认情况下标题（dt）和内容（dd）是两行显示的，如图 2.28 所示，在很多种情况下，需要标题和内容在一行显示（见图 2.29），需要在 dl 中设置 class="dl-horizontal"。

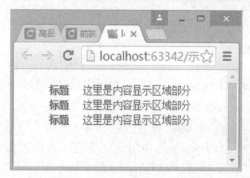

图 2.28   标题换行   图 2.29   引用水平样式后

这里需要注意，class="dl-horizontal"只有在屏幕宽度大于 768px 时才有效，CSS 源代码如下：

```
@media (min-width: 768px) {        /*大中型浏览器有效*/
.dl-horizontal dt {
    float: left;
    width: 160px;
    overflow: hidden;
    clear: left;
    text-align: right;
    text-overflow: ellipsis;
    white-space: nowrap;
  }
}
```

如果小于 768px 显示效果依旧是图 2.28 所示效果。而图 2.28 是为了节省空间经过处理的，实际情况不会出现这种超小视口的显示效果。

3 禁用响应式布局

Bootstrap 是一个移动先行的框架，默认情况下，针对不同的屏幕尺寸会自动地调整页面，使其在不同尺寸的屏幕上都表现得很好。但是，如果不想使用这种特性，也可以禁用它。下面列出了禁用响应式布局的步骤：

（1）删除名称为 viewport 的 meta 元素，例如：<meta name="viewport".../>。

（2）为.container 设置一个固定的宽度值，从而覆盖框架的默认 width 设置，例如设置 width: 970px!important;，并且要确保这些设置全部放在默认的 Bootstrap.min.css 后面。

（3）如果使用了导航条组件，还需要移除所有的折叠行为和展开行为。

（4）对于栅格布局，额外增加.col-xs-*样式，或替换.col-md-*和.col-lg-*样式。超小屏幕设备的栅格系统样式可以适应于所有分辨率的环境。

对于 IE8 来说，由于仍然需要媒体查询语法，所以还需要引入 respond.js 文件，这样就禁用了 Bootstrap 对小屏幕设备的响应式支持。

本章总结

- Bootstrap 内置了一套响应式、移动设备优先的流式栅格系统，随着屏幕设备或可视窗口（viewport）尺寸的增加，系统会自动分为最多 12 列。它包含了易于使用的预定义 class 还有强大的 mixin 用于生成更具语义的布局。
- Bootstrap 栅格系统需要适配 4 种类型的浏览器，分别是超小屏、小屏、中屏和大屏。凡是小于 768px 的都是超小屏。小屏的像素在 768px～992px 之间，中屏的像素是 992px～1200px 之间，大于 1200px 的设备属于大屏，就是大屏幕的电脑，或更大屏幕的设备。对于不同的设备，Bootstrap 的栅格系统会有不同的响应方式。
- CSS 布局语法是 Bootstrap 三大核心内容的基础，Bootstrap 中的表单、布局甚至 JS 框架都含有 CSS 布局的基础。后面所学的所有内容都会涉及 CSS 的布局。
- 禁用响应式布局的步骤：
  - 删除名称为 viewport 的 meta 元素。
  - 为.container 设置一个固定的宽度值，从而覆盖框架的默认 width 设置，并且要确保这些设置全部放在默认的 Bootstrap.min.css 后面。
  - 如果使用了导航条组件，还需要移除所有的折叠行为和展开行为。
  - 对于栅格布局，额外增加.col-xs-*样式，或替换.col-md-*和.col-lg-*样式。

本章作业

1. 请说出你是如何理解 Bootstrap 中的 CSS 系统的？
2. 请说明如何禁用响应式布局？
3. 请结合本章所学内容制作在小屏幕以上实现如图 2.30 所示效果。
4. 修改第 3 题，在超小屏幕上显示图 2.31 所示效果。

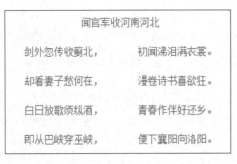

图 2.30　在小屏幕以上显示

图 2.31　在超小屏幕显示

5. 请登录课工场，按要求完成预习作业。

第 3 章

Bootstrap 组件

本章技能目标

● 掌握 Bootstrap 基本组件的用法

本章简介

在网页设计中不可避免地要使用到按钮、表格、表单、图形、导航、响应式设计等信息。这就需要根据不同的网站风格设计不同的界面样式以及标签样式，如果使用纯 CSS 就要写大量的 CSS 代码，而且还有浏览器兼容性的问题。

Bootstrap 体现的是一种快速开发的方式，这就需要把一些固有的标签的样式和功能封装在一起，用户使用时只使用需要的标签以及对应的样式即可。

Bootstrap 中设置了大量的封装好的标签，本章就对这些标签做一下详细的讲解。

Bootstrap 是快速开发 Web 应用程序的前端工具包。它是一个 CSS 和 HTML 的集合，它使用了最新的浏览器技术，给程序员的 Web 开发提供了时尚的版式、表单、按钮、表格、图标、网格系统等。

1 按钮

在任何软件系统中，按钮都有很重要的作用，通过按钮可实现大部分的用户和系统的交互，按钮操作简单，使用方便，能够使用户很容易理解其操作方法，而且样式也比较好设计。

网页中能够有按钮效果的有如下元素：

- button：HTML5 中用于定义一个按钮，有些浏览器不支持，具有 submit 的效果，使用方法比 input 方便。
- input(type="button")：HTML 中的普通按钮，主要用于 JavaScript。
- input(type="submit")：HTML 中的提交按钮，主要用于表单元素的提交。
- input(type="reset")：HTML 中的重置按钮，用于将表单元素中的内容重置。
- a(role="button")：Bootstrap 中的 a 标签，通过样式和 js 设置成按钮效果。

在 Bootstrap 中建议使用 button，Bootstrap 提供了 7 种样式的按钮风格，如表 3.1 所示。

表 3.1　button 类

类	描述
.btn	为按钮添加基本样式
.btn-default	默认/标准按钮
.btn-primary	原始按钮样式（未被操作）
.btn-success	表示成功的动作
.btn-info	该样式可用于要弹出信息的按钮
.btn-warning	表示需要谨慎操作的按钮
.btn-danger	表示一个危险动作的按钮操作
.btn-link	让按钮看起来像个链接（仍然保留按钮行为）

使用 Bootstrap 的按钮样式非常简单，只需要在 button 中引入 button 对应的 class 即可。示例 1 演示了使用样式设置按钮效果。

⊃示例 1

```
<!DOCTYPE html>
<html lang="en">
<head>
    <meta charset="UTF-8">
    <meta name="viewport" content="width=device-width, user-scalable=no, initial-scale=1.0, maximum-scale=1.0,
minimum-scale=1.0"/>
    <title>Bootstrap 按钮样式</title>
    <link rel="stylesheet" href="../bootstrap.min.css"/>
```

```
        <script src="../jquery-1.10.2.min.js"></script>
        <script src="../bootstrap.min.js"></script>
</head>
<body>
<div class="container">
        <button class="btn">普通按钮.btn</button>
        <button class="btn btn-default">.btn-default</button>
        <button class="btn btn-primary">.btn-primary</button>
        <button class="btn btn-success">.btn-success</button>
        <button class="btn btn-info">.btn-info</button>
        <button class="btn btn-warning">.btn-warning</button>
        <button class="btn btn-danger">.btn-danger</button>
        <button class="btn btn-link">.btn-link</button>
</div>
</body>
</html>
```

示例 1 中每一个按钮前都添加了.btn 样式，是因为.btn 是按钮的基本样式，主要代码如下：

```
.btn {
        display: inline-block;            /*将对象呈现为内联对象，但是对象的内容作为块对象呈现*/
        padding: 6px 12px;
        margin-bottom: 0;
        font-size: 14px;
        font-weight: 400;
        line-height: 1.42857143;
        text-align: center;
        white-space: nowrap;              /*文本不进行换行*/
        vertical-align: middle;
        -ms-touch-action: manipulation;   /* IE10 允许触摸时平移和拖拽缩放*/
        touch-action: manipulation;
cursor: pointer;
-webkit-user-select: none;                /*浏览器中不可以选择文本*/
        -moz-user-select: none;
        -ms-user-select: none;
        user-select: none;
        background-image: none;
        border: 1px solid transparent;
        border-radius: 4px;
}
```

从.btn 的代码可以看出大量的基础样式以及不同的操作方式、不同的浏览器呈现，都在此样式中，而其他的样式（如.btn-primary 等）只是写了对应的字体、背景以及边框颜色。

```
.btn-primary {
        color: #fff;
        background-color: #337ab7;
        border-color: #2e6da4;
}
```

当然这些样式无需开发人员编写，都已经封装到 bootstrap.min.css 中，因此要在 Bootstrap 中设置按钮，只要引入.btn 样式。示例 1 运行效果如图 3.1 所示。

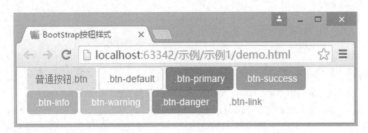

图 3.1　按钮样式

如果 Bootstrap 提供的样式不满足用户的需求，开发人员无需重新编写代码，只需要修改对应的样式，以.btn-primary 为例，只需要修改这个类样式的代码即可。

按钮除了上述几种样式以外还能够设置按钮的大小，Bootstrap 默认的按钮大小有三种：.btn-lg（大型按钮）、.btn-sm（小型按钮）、.btn-xs（超小型按钮）。示例 2 演示了设置按钮大小的类样式效果。

⊃示例 2

```html
<!DOCTYPE html>
<html lang="en">
<head>
    <meta charset="UTF-8">
    <meta name="viewport" content="width=device-width, user-scalable=no, initial-scale=1.0, maximum-scale=1.0, minimum-scale=1.0"/>
    <title>按钮大小</title>
    <link rel="stylesheet" href="../bootstrap.min.css"/>
    <style>
        body {
            margin: 5px;
        }
    </style>
    <script src="../jquery-1.10.2.min.js"></script>
    <script src="../bootstrap.min.js"></script>
</head>
<body>
<div class="container">
    <!--默认大小-->
    <button class="btn">普通按钮.btn</button>
    <!--大型按钮-->
    <button class="btn btn-default btn-lg">.btn-default</button>
    <!--小型按钮-->
    <button class="btn btn-primary btn-sm">.btn-primary</button>
    <!--超小型按钮-->
    <button class="btn btn-success btn-xs">.btn-success</button>
```

```
</div>
</body>
</html>
```

示例 2 运行效果如图 3.2 所示。

图 3.2　按钮大小

有时候 Bootstrap 默认的大小不满足客户的需求，开发人员也可以通过修改对应的类样式自定义按钮的大小。以.btn-lg 为例，Bootstrap 源码如下：

```
.btn-lg {
    padding: 10px 16px;
    font-size: 18px;
    line-height: 1.3333333;      /*行高*/
    border-radius: 6px;          /*圆角*/
}
```

修改按钮大小时可以根据实际需要修改.btn-lg 中的样式来实现需求，并不需要对整体的 button 样式进行重写，用起来非常方便。另外，按钮元素还有一个.btn-block 样式，通过给按钮添加.btn-block 可以使其充满父节点 100%的宽度，而且按钮也变为了块级（block）元素（默认是行内元素），这对于手机端是很常见的。修改示例 2 的代码如下：

```
<!--小型按钮-->
<button class="btn btn-primary btn-sm btn-block">.btn-primary</button>
```

运行效果如图 3.3 所示。

图 3.3　btn-block 样式按钮

按钮还有一种表现形式就是按钮的状态，包括活动状态和禁用状态。当按钮处于活动状态时，其表现为被按压下（底色更深，边框颜色更深，内置阴影）。对于<button>元素，是通过:active 实现的。对于<a>元素，是通过.active 实现的。当然还可以联合使用.active<button>并通过编程的方式使其处于活动状态。

对于按钮元素来讲，由于:active 是伪状态，因此无需添加，但是在需要表现出同样外观的时候可以添加.active。

```
<button type="button" class="btn btn-primary btn-lg active">Primary button</button>
<button type="button" class="btn btn-default btn-lg active">Button</button>
```

对于链接元素来说，可以为<a>添加.active 的类样式。

```
<a href="#" class="btn btn-primary btn-lg active" role="button">Primary link</a>
<a href="#" class="btn btn-default btn-lg active" role="button">Link</a>
```

禁用状态也是改变按钮的外观，通过将按钮的背景色做 50%的褪色处理就可以呈现出无法点击的效果。

对于按钮元素，禁用状态是为<button>添加 disabled 属性，使按钮不能被点击。

```
<button type="button" class="btn btn-lg btn-primary" disabled="disabled">Primary
button</button>
<button type="button" class="btn btn-default btn-lg" disabled="disabled">button</button>
```

如果为<button>添加 disabled 属性，Internet Explorer 9 及更低版本的浏览器将会把按钮中的文本绘制为灰色。

对于链接元素<a>，要实现禁用效果要为<a>添加.disabled 的类样式。

```
<a href="#" class="btn btn-primary btn-lg disabled" role="button">Primary link</a>
<a href="#" class="btn btn-default btn-lg disabled" role="button">Link</a>
```

通过上面的代码，可以将超链接<a>表现为禁用状态，我们把.disabled 作为工具 class 使用，就像.active class 一样，因此不需要增加前缀。不过 class 只是改变<a>的外观，不影响功能，也就是说链接<a>依然能够点击，要实现超链接<a>禁用功能还得依靠 JavaScript 来实现，下面示例 3 将按钮状态整体演示一下。

➲示例 3

```
<!DOCTYPE html>
<html lang="en">
<head>
    <meta charset="UTF-8">
    <meta name="viewport" content="width=device-width, user-scalable=no, initial-scale=1.0, maximum-scale=1.0,
minimum-scale=1.0"/>
    <title>按钮状态</title>
    <link rel="stylesheet" href="../bootstrap.min.css"/>
    <style>
        body {
            margin: 5px;
        }
    </style>
    <script src="../jquery-1.10.2.min.js"></script>
    <script src="../bootstrap.min.js"></script>
</head>
<body>
<div class="container">
    Button:<br/>
    <button type="button" class="btn btn-primary btn-lg">默认状态</button>
    <button type="button" class="btn btn-primary btn-lg active">活动状态</button>
    <button type="button" class="btn btn-lg btn-primary" disabled="disabled">禁用状态
```

```
    </button><br/>
超链接 a:<br>
    <a href="#" class="btn btn-primary btn-lg" role="button">默认状态</a>
    <a href="#" class="btn btn-primary btn-lg active" role="button">活动状态</a>
    <a href="#" class="btn btn-primary btn-lg disabled" role="button">禁用状态</a>
</div>
</body>
</html>
```

示例 3 将<button>和<a>的默认状态、活动状态和禁用状态进行了对比，运行效果如图 3.4
所示。

图 3.4　按钮状态

读者可运行示例 3，鼠标点击禁用状态的按钮，查看<button>和<a>在禁用状态的区别。

操作案例 1：制作 Bootstrap 官网案例页面

需求描述
制作 Bootstrap 的官网示例页面。要求使用 Bootstrap 框架创建页面。
实现效果
页面效果如图 3.5 所示。

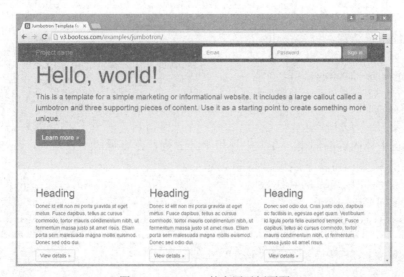

图 3.5　Bootstrap 的官网示例页面

技能要点

- 在网页中引入 Bootstrap。
- 使用 Bootstrap 的标题样式。
- 使用 Bootstrap 的按钮样式。
- 使用 Bootstrap 栅格系统。
- 会使用自定义样式，美化栅格系统。

关键代码和实现步骤

（1）创建 HTML5 界面，引入 meta 以及按顺序引入 bootstrap.min.css、jQuery、bootstrap.min.js 文件。

```
<meta name="viewport" content="width=device-width, user-scalable=no, initial-scale=1.0,
maximum-scale=1.0, minimum-scale=1.0"/>
<link href="../bootstrap.min.css" rel="stylesheet">
/*如果不使用 bootstrap 的 js 插件可以不引用，但通常建议引用*/
<script src="../jquery-1.10.2.min.js"></script>
<script src="../bootstrap.min.js"></script>
```

（2）创建顶部标题结构。创建 mytop 样式的 div，在该 div 内部添加容器，设置 h1 标签和 p 标签，将 "Hello,world" 写到 h1 中，将其余部分写到 p 标签中，为了突出效果，将 p 标签引入 class="lead" 样式。在 p 标签之后再添加 p 标签，在内部添加大型超链接按钮。代码如下：

```
<div class="mytop">
    <div class="container">
        <h1>Hello, world!</h1>
        <p class="lead">
            This is a template for a simple marketing or informational website. It includes a large callout
            called a jumbotron and three supporting pieces of content. Use it as a starting point to create ...
        </p>
        <p><a href="#" class="btn btn-primary btn-lg">lear more</a></p>
    </div>
</div>
```

（3）创建主题结构，包含在 div 容器中。

```
<div class="mymian">
    <div class="container">
        在此处编写内容
    </div>
</div>
```

（4）设置主体内容的栅格，在大中视口下分三列，在小视口下分两列，在超小屏幕下显示一列。为显示效果，可将下述代码编写 3 次。

```
<div class="col-md-4 col-sm-6 col-xs-12">
    <h2>Heading</h2>
    <p >Donec id elit non mi porta gravida at eget metus. Fusce dapibus, tellus ac cursus
        commodo, tortor mauris condimentum nibh, ut fermentum massa justo sit ......</p>
    <p><a href="#" class="btn btn-default">lear more>></a></p>
</div>
```

（5）添加必要的 CSS 样式。

```css
.mytop{
    background: #d5d5d5;
    padding: 50px 0 ;
}
.mytop h1{
    font-size: 60px;
}
.mymian{
    padding: 30px 0;
}
```

注意：本案例并没有涉及页面的吸顶功能。

2　表格

表格在网页制作中起着很重要的作用，虽然现在不再使用表格做布局，但是在局部以表格方式显示数据的时候，使用 table 是非常方便的，要比使用 div 添加样式创建出表格要方便得多。Bootstrap 提供了一个清晰的创建表格的布局，对表格的基本元素，如 table、thead、tbody、tr、td、th、caption 等都提供了支持。表 3.2 列出了 Bootstrap 中基本的表格类。

表 3.2　表格类样式

类	描述
.table	为任意<table>添加基本样式（只有横向分隔线）
.table-striped	在<tbody>内添加斑马线形式的条纹（IE8 不支持）
.table-bordered	为所有表格的单元格添加边框
.table-hover	在<tbody>内的任一行启用鼠标悬停状态
.table-condensed	让表格更加紧凑

除了表格样式之外，table 的每一行都有自己的样式，样式功能见表 3.3。

表 3.3　行级元素样式

类	样式描述
.active	将悬停的颜色应用在行或者单元格上
.success	表示成功的操作
.info	表示信息变化的操作
.warning	表示一个警告的操作
.danger	表示一个危险的操作

下面示例 4 演示了 table 类样式的用法。

⭮示例 4

```html
<!DOCTYPE html>
<html>
```

```
<head lang="en">
    <meta charset="UTF-8">
    <title>表格样式</title>
    <meta name="viewport" content="width=device-width, user-scalable=no, initial-scale=1.0, maximum-scale=1.0,
minimum-scale=1.0"/>
    <link rel="stylesheet" href="../bootstrap.min.css"/>
    <style>
        div{
            outline: 1px solid red;
        }
    </style>
</head>
<body>
    <div class="table-responsive">
        <table class="table table-striped table-bordered table-hover table-condensed ">
            <tr >
                <th>#</th>
                <th>星期一</th>
                <th>星期二</th>
                <th>星期三</th>
                <th>星期四</th>
                <th>星期五</th>
            </tr>
            ...
        </table>
    </div>
<script src="../jquery-1.10.2.min.js"></script>
<script src="../bootstrap.min.js"></script>
</body>
</html>
```

table 内部的格式都一样，因此没有在示例上列出，示例 4 中，在 table 的外部包含了一个 div，含有 class="table-responsive"，作用是将 div 中的表格变成自适应表格，可以根据视口的大小自动调整表格的大小。运行效果如图 3.6 所示。

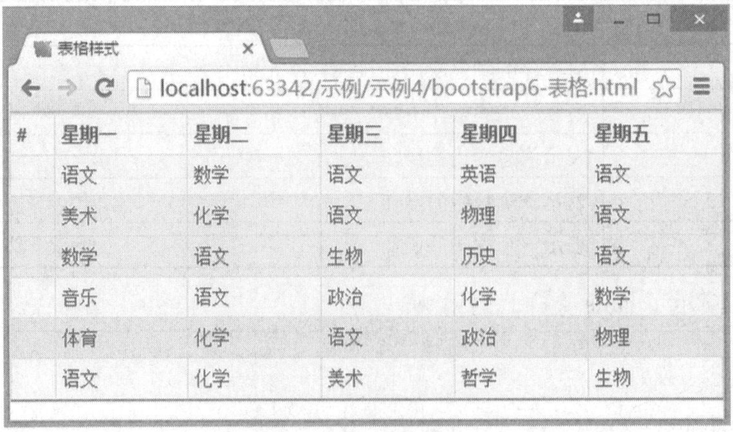

图 3.6　自适应表格

3   CSS 组件

CSS 组件是 Bootstrap 的核心，绝大多数的网页都必须利用组件才能构建出绚丽的页面，但是这并不容易，需要大量的 CSS 和 JavaScript 代码才能实现，Bootstrap 内置了很多组件，下面将一一介绍。

3.1   表单

表单在网页中起着和服务器交互的作用，表单部分也是和用户进行交互的主体部分。一个页面主要由两部分组成：信息展示和信息收集。信息展示主要通过视频、图片、文本等方式将信息提交给用户，而信息收集主要是依靠表单实现。

表单元素在原始的 HTML 中只是实现了最基本的表单功能。HTML5 的出现为表单元素注入新的活力，不仅添加了多个新的标签类型，而且也为原始的表单元素添加了新的属性，使开发人员的工作更简洁，页面也更美观，而 Bootstrap 对表单也做了很多改进，使其功能更多，代码更简洁，界面更美观。Bootstrap 通过一些简单的 HTML 标签和扩展的类即可创建出不同样式的表单。

Bootstrap 支持最常见的表单控件，主要有 input、textarea、checkbox、radio 和 select。下面就这几种控件在 Bootstrap 中的用法进行简单讲解。

最常见的表单文本字段是输入框 input。用户可以在其中输入必要的表单数据。Bootstrap 提供了对所有原生 HTML5 的 input 类型的支持，包括：text、password、datetime、date、datetime-local、month、time、week、number、email、url、search、tel 和 color。适当的 type 声明是必需的，这样才能让 input 获得完整的样式。示例 5 演示了在 Bootstrap 中使用文本域的方法。

⊃ 示例 5

```
<!DOCTYPE html>
<html lang="en">
<head>
    <meta charset="UTF-8">
    <meta name="viewport" content="width=device-width, user-scalable=no, initial-scale=1.0, maximum-scale=1.0,
minimum-scale=1.0"/>
    <title>文本域</title>
    <link rel="stylesheet" href="../bootstrap.min.css"/>
    <style>
        body {
            margin: 5px;
        }
    </style>
    <script src="../jquery-1.10.2.min.js"></script>
    <script src="../bootstrap.min.js"></script>
```

```
    </head>
    <body>
    <div class="container">
        <form action="#">
            <div class="form-group">   <!--分组-->
                <label for="name">姓名</label>
                <input type="text" id="name" class="form-control" placeholder="请输入姓名">
            </div>
        </form>
    </div>
    </body>
    </html>
```

示例 5 在 form 中添加了一个 div，样式属性 class="form-group"表示在页面中将该 div 内部的元素分为一组，input 元素添加 class="form-control"，该样式效果如图 3.7 所示。

图 3.7　input 特效

通过示例 5 可以看出，当在不同的视口显示时文本框可以自动放大缩小，而且当获取光标时还有边框发光效果。不过 label 元素和 input 元素各占一行，如果在手机端，这种效果是可以的，但在 PC 端就不适合，通常是左侧的 label 和右侧的输入框在同一行，而且只添加了一个 input，如果是多个元素需要在页面上添加，就需要有一定的布局设置，可以使用栅格系统进行布局处理，示例 6 演示了在同一页面添加多个表单元素的方法。

⊃示例6

```
    <!DOCTYPE html>
    <html lang="en">
    <head>
        <meta charset="UTF-8">
        <meta name="viewport" content="width=device-width, user-scalable=no, initial-scale=1.0, maximum-scale=1.0,
minimum-scale=1.0"/>
        <title>多个表单元素</title>
        <link rel="stylesheet" href="../bootstrap.min.css"/>
        <style>
            body {
                margin: 5px;
            }
        </style>
```

```
        <script src="../jquery-1.10.2.min.js"></script>
        <script src="../bootstrap.min.js"></script>
    </head>
    <body>
    <div class="container">
        <form class="form-horizontal">
            <div class="form-group">
                <label for="name" class="col-sm-1 text-right">姓名</label>
                <div class="col-sm-11">
                  <input type="text" id="name" class="form-control" placeholder="请输入姓名">
                </div>
            </div>
            <div class="form-group">
                <label for="email" class="col-sm-1 text-right">邮箱</label>
                <div class="col-sm-11">
                  <input type="text" id="email" class="form-control" placeholder="请输入邮箱">
                </div>
            </div>
            <div class="form-group">
                <label class="col-sm-1 text-right">爱好</label>
                <div class="col-sm-11">
                    <input type="checkbox"/>唱歌
                    <input type="checkbox"/>跳舞
                </div>
            </div>
        </form>
    </div>
    </body>
    </html>
```

示例 6 的显示效果如图 3.8 所示。

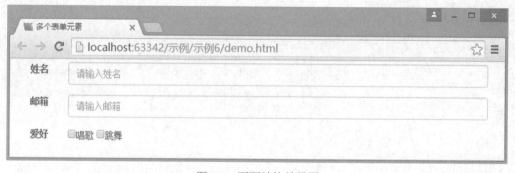

图 3.8　页面结构效果图

为了将输入框前面的文本和输入框显示在同一行，可以使用栅格系统，注意 label 可以直接作为栅格的列，input 需要包围在 div 中作为栅格的列。

3.2　输入框组

在 3.1 节示例 6 中，为了使文字和输入框在同一行显示，使用了栅格系统。仔细观察图 3.8，发现虽然文本和输入框在同一行，但是没有对齐，还有待改进的部分。其实实现文字和输入框在一行的效果还有一个更简洁的方法，就是使用输入框组。

输入框组指的是在输入框的前面、后面或者是两边添加文字或按钮，目前只支持文本输入框 input。而且，如果和栅格系统一起使用，不要将表单组或者栅格列的类直接和输入框组混合使用，而应将输入框组嵌套到表单组或栅格相关元素的内部使用。

例如百度的首页就是一个输入框组，百度搜索框首先是一个 input，后面紧邻一个按钮，用户在文本框中输入数据，点击按钮后将显示搜索结果，如图 3.9 所示。

图 3.9　百度搜索

示例 7 演示了在页面中使用输入框组的方法。

● 示例 7

```
<!DOCTYPE html>
<html>
<head lang="en">
    <meta charset="UTF-8">
    <title>输入框组</title>
    <meta name="viewport" content="width=device-width, user-scalable=no, initial-scale=1.0, maximum-scale=1.0,
minimum-scale=1.0"/>
    <link rel="stylesheet" href="../bootstrap.min.css"/>
</head>
<body>
<div class="container">
    <!--左边-->
    <div class="input-group">
        <span class="input-group-addon">@</span>
        <input type="text" class="form-control" placeholder="Username">
    </div>
```

```
        <br/>
        <!--右边-->
        <div class="input-group">
            <input type="text" class="form-control" placeholder="">
            <span class="input-group-addon">
                百度一下
            </span>
        </div>
        <br/>
        <!--左右-->
        <div class="input-group">
            <span class="input-group-addon">$</span>
            <input type="text" class="form-control">
            <span class="input-group-addon">.00</span>
        </div>
    </div>
    <script src="../jquery-1.10.2.min.js"></script>
    <script src="../bootstrap.min.js"></script>
</body>
</html>
```

示例 7 中所有的标签组件都分别放在<div class="input-group"></div>之间，这个 class= "input-group"就表示该元素内部包含一个输入框组件。本示例中要求在 input 前面增加一个类 似@的按钮效果，所以添加一个 span，在 span 中添加@字符，再给 span 添加样式 class= "input-group-addon"，使 span 的效果看起来像按钮，给 input 元素添加 class="form-control"样式，表示使 input 占整个视口宽度的 100%。在左侧或者右侧添加 span 元素即可实现在 input 两侧 添加文字。示例 7 运行效果如图 3.10 所示。

图 3.10　简单的输入框组合

示例 7 中的输入框由于使用了 class="form-control"，所以都占有整个视口，因此也可以通 过栅格系统控制输入框的大小。另外，"百度一下"按钮应该使用 button，但是在示例 7 中使 用的是 span。如何将 span 修改成 button，如示例 8 所示。

⊃示例 8

```
<!DOCTYPE html>
<html>
```

```
<head lang="en">
    <meta charset="UTF-8">
    <title>输入框组</title>
    <meta name="viewport" content="width=device-width, user-scalable=no, initial-scale=1.0, maximum-scale=1.0,
minimum-scale=1.0"/>
    <link rel="stylesheet" href="../bootstrap.min.css"/>
</head>
<body>
<!--addon 作为按钮-->
<div class="container" style="margin-top: 40px">
    <form action="">
    <div class="row">
        <div class="col-md-6 col-md-offset-3">
            <div class="input-group">
                <input type="text" class="form-control" placeholder="">
                    <span class="input-group-btn">    <!--容易出错点：写成 input-group-addon-->
                        <button class="btn btn-primary" type="button">百度一下</button>
                    </span>
            </div>
        </div>
    </div>
    </form>
</div>
<script src="../jquery-1.10.2.min.js"></script>
<script src="../bootstrap.min.js"></script>
</body>
</html>
```

示例 8 中将 class="input-group"嵌套到栅格系统中，最好不要直接在输入框组的 div 中使用栅格系统，而是将输入框组放在栅格系统之内。如果想在输入框左右添加按钮，可先将按钮放在 span 内部，再给 span 添加样式 class="input-group-btn" 即可，注意不要写成 "input-group-addon"。运行效果如图 3.11 所示。

图 3.11　输入框按钮

<span class="input-group-addon">之间不仅能添加文字还能添加如单选按钮和复选框等，操作很简单，直接添加即可，如示例 9 所示。

➲示例 9

```
<!DOCTYPE html>
<html>
<head lang="en">
    <meta charset="UTF-8">
    <title>输入框组</title>
    <meta name="viewport" content="width=device-width, user-scalable=no, initial-scale=1.0, maximum-scale=1.0,
minimum-scale=1.0"/>
    <link rel="stylesheet" href="../bootstrap.min.css"/>
</head>
<body>
<!--addon 为单选按钮或复选框-->
<div class="container" style="margin-top: 40px">
    <div class="col-md-6 col-md-offset-3">
        <div class="input-group">
            <span class="input-group-addon">
                <input type="radio"/>
            </span>
            <input type="text" class="form-control" placeholder="男">
             <span class="input-group-addon">
                <input type="checkbox"/>
            </span>
        </div>
    </div>
</div>
<script src="../jquery-1.10.2.min.js"></script>
<script src="../bootstrap.min.js"></script>
</body>
</html>
```

示例 9 中将<span class="input-group-addon">中间的文字改为单选按钮和复选框。运行效果如图 3.12 所示。

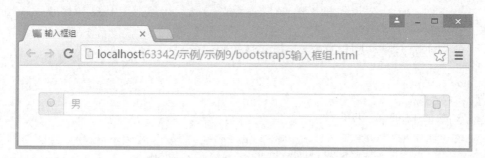

图 3.12   输入框配合单选按钮和复选框

3.3 图标

在示例 9 中，输入框左右的文字（@和$）使用的是在 span 中直接输入的文字，有时直接输入文字并不能满足要求，比如需要图片效果。

在 Bootstrap 中还有一套图标系统。图标也被称为字体图标，是在内联元素上使用，而且图标类不能和其他组件直接联合使用，Bootstrap 假定所有的图标字体文件全部位于 Bootstrap 的../fonts/文件夹内，是相对于预编译版的 CSS。

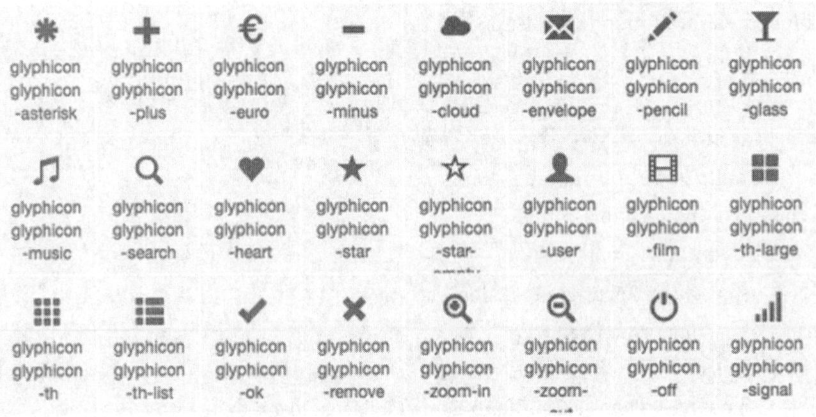

图 3.13　Bootstrap 部分图标

图标的使用很简单，以 span 为例，若想在 span 中使用图标，只需要打开网站 http://v3.bootcss.com/components/，网页部分效果如图 3.13 所示，想要使用哪个图标，只需要将对应图标下的文字复制到 span 的样式中即可。如示例 10 所示，class="glyphicon glyphicon-envelope"中的类样式直接从网站中复制即可。

⊃示例 10

```
<!DOCTYPE html>
<html>
<head lang="en">
    <meta charset="UTF-8">
    <title>图标</title>
    <meta name="viewport" content="width=device-width, user-scalable=no, initial-scale=1.0, maximum-scale=1.0,
minimum-scale=1.0"/>
    <link rel="stylesheet" href="bootstrap.min.css"/>
</head>
<body>
<div class="container">
    <!--配合输入框一起使用-->
    <div class="input-group">
            <span class="input-group-addon">
                <span class="glyphicon glyphicon-envelope"></span>
```

```
        </span>
        <input class="form-control col-lg-2" type="text"/>
    </div>
</div>
</body>
</html>
```

运行效果如图 3.14 所示。

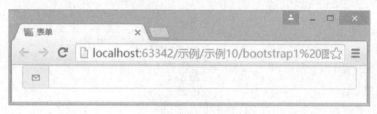

图 3.14　字体图标

使用时要注意图标文字和 bootstrap.min.css 的位置关系，图标文件要在 bootstrap.min.css 上级目录的 fonts 文件夹中，因为 bootstrap.min.css 内部引用的路径是../fonts/。

3.4　下拉菜单

下拉菜单在网页设计中也很常见，Bootstrap 中也定制了自己的一套下拉菜单效果，而且使用下拉菜单除了引用 bootstrap.min.css 文件之外，还必须引用 bootstrap.min.js 文件和 jQuery.js 文件。因为 Bootstrap 的组件交互效果都是依赖于 jQuery 库编写的插件，所以在使用 bootstrap.min.js 之前一定要先加载 jQuery.js 才会产生效果，首先通过示例 11 来实现下拉菜单效果。

⊃示例 11

```
<!DOCTYPE html>
<html>
<head lang="en">
    <meta charset="UTF-8">
    <title>下拉菜单</title>
    <meta name="viewport" content="width=device-width, user-scalable=no, initial-scale=1.0, maximum-scale=1.0,
minimum-scale=1.0"/>
    <link rel="stylesheet" href="../bootstrap.min.css"/>
</head>
<body>
<div class="dropdown">
    <button class="btn btn-default dropdown-toggle" type="button" id="dropdownMenu1" data-toggle=
"dropdown" aria-haspopup="true" aria-expanded="true">
        系统功能
        <span class="caret"></span>
```

```
            </button>
            <ul class="dropdown-menu" aria-labelledby="dropdownMenu1">
                <li><a href="#">文章列表</a></li>
                <li><a href="#">行业资讯</a></li>
                <li><a href="#">技术前沿</a></li>
                <li class=""><a href="#">联系我们</a></li>
            </ul>
        </div>
        <script src="../jquery-1.10.2.min.js"></script>
        <script src="../bootstrap.min.js"></script>
    </body>
</html>
```

实现下拉菜单时就是通过点击按钮或其他元素，使菜单显示或隐藏。要想实现下拉菜单效果，必须将下拉菜单元素放置到 class="dropdown"容器中，下拉控件可用 button、a 以及其他 html 元素，通常使用 button 或者 a 元素。菜单项使用列表实现。

data-toggle="dropdown"表示当点击按钮时菜单向下展开，再次点击时菜单向上闭合，通常下拉菜单中都有一个向上或向下的三角形，用以表示菜单的展开，这里是用<span class="caret"></span>来实现三角形的效果。运行效果如图 3.15 所示。

如果将示例 11 的<div class="dropdown">更改为<div class="dropup">，按钮右侧会变成一个向上的三角，同时菜单向上弹出，如图 3.16 所示。

图 3.15　向下弹出下拉列表

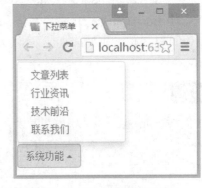

图 3.16　向上弹出下拉列表

在使用 Bootstrap 框架中的下拉菜单组件时，其结构运用的正确与否非常重要，如果结构和类名未正确使用，直接影响组件是否能正常运用。

（1）使用一个名为 dropdown 的容器包裹了整个下拉菜单元素。

（2）使用了一个<button>按钮或<a>等元素作为父菜单，并且定义类名 dropdown-toggle 和自定义 data-toggle 属性，且值必须和最外容器类名一致。

data-toggle="dropdown"

（3）下拉菜单项使用一个 ul 列表，并且定义一个类名为 dropdown-menu。

<ul class="dropdown-menu">

（4）.open 可以控制菜单是否展开。Bootstrap 框架中的下拉菜单组件，其下拉菜单项默认是隐藏的，因为"dropdown-menu"默认样式设置了"display:none"。下拉菜单的 CSS 样式

如下所示。

```
.dropdown-menu {
    position: absolute;        /*设置绝对定位，相对于父元素 div.dropdown*/
    /*让下拉菜单项在父菜单项底部，如果父元素不设置相对定位，该元素相对于 body 元素*/
    top: 100%;
    left: 0;
    z-index: 1000;             /*让下拉菜单项不被其他元素遮盖*/
    display: none;             /*默认隐藏下拉菜单项*/
    float: left;
    ....
}
```

当用户点击父菜单项时，下拉菜单将会被显示出来，当用户再次点击时，下拉菜单将继续隐藏。主要是因为.open 样式的切换，.open 能够控制菜单的展开和闭合，通过 jQuery，给父容器 div.dropdown 添加或移除类名 open 来控制下拉菜单显示或隐藏。也就是说，在默认情况下，div.dropdown 没有类名 open，当用户第一次点击时，div.dropdown 会添加类名 open；当用户再次点击时，div.dropdown 容器中的类名 open 又会被移除。可以通过火狐浏览器的 firebug 查看整个过程。

Bootstrap 框架中的下拉菜单还提供了下拉分隔线，假设下拉菜单有两个组，那么组与组之间可以通过添加一个空的\<li\>，并且给这个\<li\>添加类名 divider 来实现添加下拉分隔线的功能，如示例 12 所示。

◯示例 12

```
<!DOCTYPE html>
<html>
<head lang="en">
    <meta charset="UTF-8">
    <title>下拉菜单</title>
    <meta name="viewport" content="width=device-width, user-scalable=no, initial-scale=1.0, maximum-scale=1.0,
minimum-scale=1.0"/>
    <link rel="stylesheet" href="../bootstrap.min.css">
</head>
<body>
<div class="dropdown">
    <button class="btn btn-default dropdown-toggle" type="button" id="dropdownMenu1" data-toggle=
"dropdown">
        电子产品
        <span class="caret"></span>
    </button>
    <ul class="dropdown-menu" role="menu" >
        <li><a href="#">笔记本电脑</a></li>
        <li><a href="#">台式电脑</a></li>
        <li><a href="#">一体机电脑</a></li>
```

```
        <li class="divider"></li>
        <li><a href="#">电视机</a></li>
        <li><a href="#">电冰箱</a></li>
        <li><a href="#">洗衣机</a></li>
    </ul>
</div>
<script src="../jquery-1.10.2.min.js"></script>
<script src="../bootstrap.min.js"></script>
</body>
</html>
```

运行效果如图 3.17 所示。

图 3.17　带分割线的列表

修改示例 12，给菜单项添加标题。

```
<ul class="dropdown-menu" role="menu" >
        <li class="dropdown-header">电脑</li>
        <li><a href="#">笔记本电脑</a></li>
        <li><a href="#">台式电脑</a></li>
        <li><a href="#">一体机电脑</a></li>
        <li class="divider"></li>
        <li class="dropdown-header">家电</li>
        <li><a href="#">电视机</a></li>
        <li><a href="#">电冰箱</a></li>
        <li><a href="#">洗衣机</a></li>
</ul>
```

给每一项添加一个标题分别为电脑和家电，显示效果如图 3.18 所示。

图 3.18　带标题效果的列表

操作案例 2：制作收集用户信息页面

需求描述

使用表格、表单以及按钮、下拉菜单实现收集用户信息页面的制作。

完成效果

页面效果如图 3.19 所示。

图 3.19　收集用户信息

技能要点

- 表格的使用。
- 修改 Bootstrap 默认样式。
- 在 Bootstrap 中使用表单元素。
- 使用下拉列表。
- 使用按钮。

关键代码和实现步骤

（1）设置最外层 div 使表格自适应。

```html
<div class="table-responsive"></div>
```

（2）设置表格作为本页面的布局，在表格中添加表单元素。

```html
<table class="table table-striped table-bordered table-hover table-condensed ">
    <tr>
        <td colspan="2" class="text-center">收集用户信息</td>
    </tr>
    <tr>
        <td>用户名</td>
        <td><input type="text" placeholder="请输入用户名" name="name" class="form-control"/></td>
    </tr>
    <tr class="success">
        <td>姓名</td>
        <td><input type="text" placeholder="请输入姓名" name="name" class="form-control"/></td>
    </tr>
...
```

（3）学历选项使用下拉列表实现。

```html
<div class="dropdown">
        <button class="btn btn-default dropdown-toggle" data-toggle="dropdown">
                        选择最高学历
                <span class="caret"></span>
        </button>
        <ul class="dropdown-menu" role="menu">
                <li><a href="#">小学</a></li>
                <li><a href="#">初中</a></li>
                <li><a href="#">高中</a></li>
                <li><a href="#">专科</a></li>
                <li><a href="#">本科</a></li>
                <li><a href="#">硕士及以上</a></li>
        </ul>
</div>
```

（4）使用 btn-success、btn-danger 和 btn-block 实现按钮效果。

3.5 按钮组

　　按钮组是把多个 button 放在一个名为 btn-group 的容器中，除去第一个、最后一个和 dropdown 按钮，其他按钮都取消圆角。示例 13 采用两组 button 对比，上面一组是没使用按钮组，下面一组是放在按钮组中，读者可查看区别。

⊃示例 13

```html
<!DOCTYPE html>
<html>
<head lang="en">
```

```
        <meta charset="UTF-8">
        <title>按钮组</title>
        <meta name="viewport" content="width=device-width, user-scalable=no, initial-scale=1.0, maximum-scale=1.0,
minimum-scale=1.0"/>
        <link rel="stylesheet" href="../bootstrap.min.css"/>
    </head>
    <body>
    <div class="container ">
        <button class="btn btn-default">网站主页</button>
        <button class="btn btn-primary">新闻资讯</button>
        <button class="btn btn-danger">技术前沿</button>
        <button class="btn btn-warning">联系我们</button>
        <button class="btn btn-success">业务受理</button>
        <div class="btn-group">
            <button class="btn btn-default">网站主页</button>
            <button class="btn btn-primary">新闻资讯</button>
            <button class="btn btn-danger">技术前沿</button>
            <button class="btn btn-warning">联系我们</button>
            <button class="btn btn-success">业务受理</button>
        </div>
    </div>
    <div class="btn-toolbar">
        <div class="btn-group"></div>
        <div class="btn-group"></div>
        <div class="btn-group"></div>
    </div>
    <script src="../jquery-1.10.2.min.js"></script>
    <script src="../bootstrap.min.js"></script>
    </body>
    </html>
```

运行效果如图 3.20 所示。

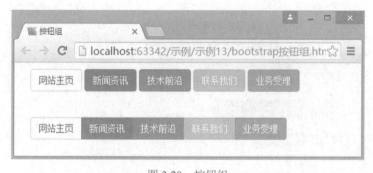

图 3.20　按钮组

通过示例 13 可以看出，使用 class="btn-group"将该容器内部的所有 button 组合成一组，而且除了第一个和最后一个按钮外，其他的按钮都取消了圆角。按钮组和按钮一样，也能够设置大小，有三种样式，分别是大型（btn-group-lg）、小型（btn-group-sm）和超小型（btn-group-xs），如示例 14 所示。

⊃示例 14

```
//其余代码省略
<div class="btn-group btn-group-lg">   //大型按钮组
    <button class="btn btn-default">网站主页</button>
    <button class="btn btn-primary">新闻资讯</button>
    <button class="btn btn-danger">技术前沿</button>
</div>
<br/>
<div class="btn-group">   //默认大小按钮组
    <button class="btn btn-default">网站主页</button>
    <button class="btn btn-primary">新闻资讯</button>
    <button class="btn btn-danger">技术前沿</button>
</div>
<br/>
<div class="btn-group btn-group-sm">   //小型按钮组
    <button class="btn btn-default">网站主页</button>
    <button class="btn btn-primary">新闻资讯</button>
    <button class="btn btn-danger">技术前沿</button>
</div>
<br/>
<div class="btn-group btn-group-xs">   //超小型按钮组
    <button class="btn btn-default">网站主页</button>
    <button class="btn btn-primary">新闻资讯</button>
    <button class="btn btn-danger">技术前沿</button>
</div>
```

运行效果如图 3.21 所示。

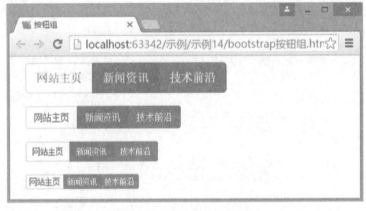

图 3.21　不同尺寸按钮组

将多个按钮组放在一起，置于 class="btn-toolbar"中间，可以创建按钮组的工具栏，简略代码如下：

```
<div class="btn-toolbar">
    <div class="btn-group">...</div>
```

```
        <div class="btn-group">...</div>
        <div class="btn-group">...</div>
    </div>
```

由于代码比较简单，此处不作示例，请读者自己编写代码验证效果。

上面几个示例演示的都是按钮组的水平排列，在 Bootstrap 中也可以很简单地实现按钮组垂直排列的效果。只需要把 btn-group 替换为 btn-group-vertical 即可。代码如示例 15 所示。

⊃示例 15

```
<!DOCTYPE html>
<html>
<head lang="en">
    <meta charset="UTF-8">
    <title>垂直按钮组</title>
    <meta name="viewport" content="width=device-width, user-scalable=no, initial-scale=1.0, maximum-scale=1.0,
minimum-scale=1.0"/>
    <link rel="stylesheet" href="../bootstrap.min.css"/>
</head>
<body>
<div class="container ">
    <div class="btn-group-vertical">
        <button class="btn btn-default">网站主页</button>
        <button class="btn btn-primary">新闻资讯</button>
        <button class="btn btn-danger">技术前沿</button>
        <button class="btn btn-warning">联系我们</button>
        <button class="btn btn-success">业务受理</button>
    </div>
</div>
<script src="../jquery-1.10.2.min.js"></script>
<script src="../bootstrap.min.js"></script>
</body>
</html>
```

运行效果如图 3.22 所示。

图 3.22　垂直按钮组

按钮组同时还可以和下拉菜单一起使用，只需要将下拉菜单嵌套在按钮组中，然后将下拉菜单的 dropdown 改为 btn-group 即可，效果如示例 16 所示。

⊃示例 16

```
//其余代码省略
<div class="btn-group">
    <button class="btn btn-default">网站主页</button>
    <button class="btn btn-primary">新闻资讯</button>
    <button class="btn btn-danger">技术前沿</button>
<div class="btn-group">
        <button class="btn btn-sucess dropdown-toggle" type="button" id="dropdownMenu1" data-toggle=
"dropdown">
            业务受理
            <span class="caret"></span>
        </button>
        <ul class="dropdown-menu" role="menu">
            <li><a href="#">服务投诉</a></li>
            <li><a href="#">建议采纳</a></li>
            <li><a href="#">网友来信</a></li>
        </ul>
</div>
    <button class="btn btn-warning">联系我们</button>
</div>
```

注意加粗的地方即为下拉菜单改为按钮组的代码，其他不需要修改，运行效果见图 3.23。

图 3.23 按钮组和下拉菜单组合使用

前面的几个案例中 button 都有固定的宽度，没有自适应父窗口大小的效果。如果想要使按钮组中的按钮随着浏览器窗口的大小而变化，使用自适应按钮组可以实现。实现起来很简单，如示例 17 所示。

⊃示例 17

```
<!DOCTYPE html>
<html>
<head lang="en">
    <meta charset="UTF-8">
    <title>自适应按钮组</title>
```

```
        <meta name="viewport" content="width=device-width, user-scalable=no, initial-scale=1.0, maximum-scale=1.0,
minimum-scale=1.0"/>
        <link rel="stylesheet" href="../bootstrap.min.css"/>
    </head>
    <body>
        <div class="btn-group btn-group-justified">
            <a class="btn btn-default">网站主页</a>
            <a class="btn btn-primary">新闻资讯</a>
            <a class="btn btn-danger">技术前沿</a>
            <a class="btn btn-warning">联系我们</a>
        </div>
        <script src="../jquery-1.10.2.min.js"></script>
        <script src="../bootstrap.min.js"></script>
    </body>
</html>
```

示例 17 中加粗的地方为实现自适应效果的代码。运行效果如图 3.24 所示，当父窗口大小发生变化时，按钮的大小也随着改变。

图 3.24   自适应效果

自适应只适用<a>元素，因为<button>元素不能应用这些样式并将其所包含的内容两端对齐（就像 display:table-cell;之类的表现形式）。如果一定要使用 button 自适应，可以在 btn-group 中添加 btn-group，借用 div 实现自适应效果，代码如示例 18 所示。

⊃示例 18

```
<div class="btn-group btn-group-justified">
    <div class="btn-group">
        <button class="btn btn-default">网站主页</button>
    </div>
    <div class="btn-group">
        <button class="btn btn-primary">新闻资讯</button>
    </div>
    <div class="btn-group">
        <button class="btn btn-danger">技术前沿</button>
    </div>
    <div class="btn-group">
        <button class="btn btn-warning">联系我们</button>
    </div>
</div>
```

运行效果和图 3.24 完全相同。

关于按钮组还有最后一种效果，就是分离式菜单，即按钮上的文字和图片中间有一条竖线隔开，看起来是分离的。在前文制作下拉菜单时，button 中的文字和图片是放在一起的，如果做分离菜单只需要把文字和图片分别作为两个 button 存放，两个 button 的效果完全相同即可。

⊃示例 19

```
<div class="btn-group">
    <button class="btn btn-default">网站主页</button>
    <button class="btn btn-primary">新闻资讯</button>
    <button class="btn btn-danger">技术前沿</button>
    <button class="btn btn-warning">联系我们</button>
    <div class="btn-group">
        <!--文字和图标分割存放-->
            <button class="btn btn-success" type="button" >
                业务受理
            </button>
            <button class="btn btn-success dropdown-toggle" type="button"
                data-toggle="dropdown">
            <span class="caret"></span>
            </button>
        <ul class="dropdown-menu" role="menu">
            <li><a href="#">服务投诉</a></li>
            <li><a href="#">建议采纳</a></li>
            <li><a href="#">网友来信</a></li>
        </ul>
    </div>
</div>
```

示例 19 中加粗的代码将文字和图标分别存放，利用按钮组的特效实现了分离式菜单，如图 3.25 所示。

图 3.25　分离式菜单

3.6　导航和导航条

导航在 Web 页面中是非常常见的，很重要的一个功能就是能让用户跳转到所需的地址页面，使网站结构明朗。

导航是 Bootstrap 网站的一个突出特点。导航栏是响应式组件，作为应用程序或网站的导航标题。导航栏在移动设备的视图中是折叠的，随着可用视口宽度的增加，导航栏也会水平展开。在 Bootstrap 中导航主要包括以下几种：选项卡导航（nav-tabs）、胶囊式导航（nav-pills）、堆叠式导航（nav-stacked）、自适应导航（nav-justified）以及二级导航。

只需要使用两个 CSS 类.nav 和.nav-tabs（或 nav-pills、nav-stacked、nav-justified）就能创建基本的基于标签的导航。

⊃示例 20

```
//选项卡导航
<ul class="nav nav-tabs">
    <li><a href="">首页</a></li>
    // class="active"表示该选项被选中
    <li class="active"><a href="">个人信息</a></li>
    <li><a href="">我的博文</a></li>
</ul>
//胶囊式导航
<ul class="nav nav-pills">
    <li><a href="">首页</a></li>
    <li class="active"><a href="">个人信息</a></li>
    <li><a href="">我的博文</a></li>
</ul>
//堆叠式导航
<ul class="nav nav-stacked">
    <li><a href="">首页</a></li>
    <li class="active"><a href="">个人信息</a></li>
    <li><a href="">我的博文</a></li>
</ul>
//自适应导航
<ul class="nav nav-justified">
    <li><a href="">首页</a></li>
    <li class="active"><a href="">个人信息</a></li>
    <li><a href="">我的博文</a></li>
</ul>
```

通过示例 20 可以看出，只通过两个 class 类就能使一个普通的 ul 列表变成用户所需要的各种导航，使用起来非常方便。读者可自行练习操作查看运行效果，在练习时请注意自适应导航在不同视口的显示效果。

在页面导航中，经常会遇到二级导航，在 Bootstrap 中实现二级导航也非常简单，只需要将导航和之前学习的下拉列表嵌套即可。示例 21 演示了选项卡导航和下拉列表相结合制作的二级导航。

⊃示例 21

```
<!DOCTYPE html>
<html>
<head lang="en">
    <meta charset="UTF-8">
```

Chapter
3

```
        <title>二级导航</title>
        <meta name="viewport" content="width=device-width, user-scalable=no, initial-scale=1.0, maximum-scale=1.0,
minimum-scale=1.0"/>
        <link rel="stylesheet" href="../bootstrap.min.css"/>
    </head>
    <body>
    <ul class="nav nav-tabs">
        <li><a href="">首页</a></li>
        <li><a href="">个人信息</a></li>
        <li class="dropdown">
            <a class="dropdown-toggle" data-toggle="dropdown" href="">
                我的博文
                <span class="caret"></span>
            </a>
            <ul class="dropdown-menu">
                <li><a href="">技术文章</a></li>
                <li><a href="">成长心得</a></li>
                <li><a href="">我的心情</a></li>
            </ul>
        </li>
        <li><a href="">给我留言</a></li>
        <li><a href="">收藏本站</a></li>
    </ul>
    <script src="../jquery-1.10.2.min.js"></script>
    <script src="../bootstrap.min.js"></script>
    </body>
    </html>
```

示例 21 最外层代码创建了一个选项卡导航，选项卡导航的第三项是一个下拉列表，这个下拉列表作为二级导航，运行效果如图 3.26 所示。

图 3.26　二级导航

上面介绍的是导航，下面讲解导航栏效果的实现。导航栏是 Bootstrap 网站的一个突出特点，在网站中作为导航页头的响应式基础组件。导航栏在移动设备的视图中是折叠的，随着可用视口宽度的增加，导航栏也会水平展开。在 Bootstrap 导航栏的核心中，导航栏包括了站点名称和基本的导航定义样式。

创建一个默认的导航栏的步骤如下：

- 向<nav>标签添加 class .navbar、.navbar-default。
- 向上面的元素添加 role="navigation"，有助于增加可访问性。
- 向<div>元素添加一个标题 class.navbar-header，内部包含了带有 class navbar-brand 的 <a>元素。这会让文本看起来更大一号。

为了向导航栏添加链接，只需要简单地添加带有.nav、.navbar-nav 的无序列表即可。

导航栏的制作如示例 22 所示。

➲示例 22

```
<nav class="navbar navbar-default" role="navigation">
    <div class="navbar-header">
        <a class="navbar-brand" href="#">Bootstrap</a>
    </div>
    <div>
        <ul class="nav navbar-nav">
            <li class="active"><a href="#">C#</a></li>
            <li><a href="#">PHP</a></li>
            <li class="dropdown">
                <a href="#" class="dropdown-toggle" data-toggle="dropdown">
                    Java
                    <b class="caret"></b>
                </a>
                <ul class="dropdown-menu">
                    <li><a href="#">Swing</a></li>
                    <li><a href="#">EJB</a></li>
                    <li><a href="#">SSH</a></li>
                </ul>
            </li>
        </ul>
    </div>
</nav>
```

显示效果如图 3.27 所示。

图 3.27　导航栏

为了给导航栏添加响应式特性，需要折叠的内容必须包裹在带有.collapse、.navbar-collapse 的<div>中。折叠起来的导航栏实际上是一个带有.navbar-toggle 及两个 data-元素的按钮。第一个是 data-toggle，用于告诉 JavaScript 需要对按钮做什么，第二个是 data-target，指示要切换到哪一个元素。三个带有 .icon-bar 的 <span> 创建所谓的汉堡按钮。这些会切换为 .nav-collapse <div> 中的元素。

⊃示例 23

```
<nav class="navbar navbar-default" role="navigation">
    <div class="navbar-header">
        <button type="button" class="navbar-toggle" data-toggle="collapse" data-target="#example-navbar-collapse">
            <span class="sr-only">切换导航</span>
            <span class="icon-bar"></span>
            <span class="icon-bar"></span>
            <span class="icon-bar"></span>
        </button>
        <a class="navbar-brand" href="#">Bootstrap</a>
    </div>
    <div class="collapse navbar-collapse" id="example-navbar-collapse">
        <ul class="nav navbar-nav">
            <li class="active"><a href="#">C#</a></li>
            <li><a href="#">PHP</a></li>
            <li class="dropdown">
                <a href="#" class="dropdown-toggle" data-toggle="dropdown">
                    Java <b class="caret"></b>
                </a>
                <ul class="dropdown-menu">
                    <li><a href="#">Swing</a></li>
                    <li><a href="#">EJB</a></li>
                    <li><a href="#">SSH</a></li>
                </ul>
            </li>
        </ul>
    </div>
</nav>
```

示例 23 在大视口中的运行效果如图 3.27 所示，在小视口中的运行效果如图 3.28 所示。

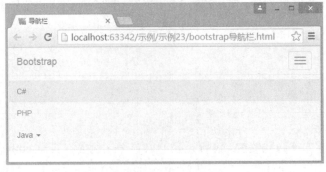

图 3.28　响应式导航栏

操作案例 3：制作导航栏

需求描述

制作一个在不同视口中效果不同的导航。

完成效果

运行效果如图 3.29、图 3.30 以及图 3.31 所示。

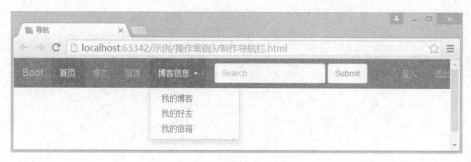

图 3.29　大视口下的导航

图 3.30　小视口导航闭合

图 3.31　小视口导航打开

技能要点

- 使用导航系统。
- 自适应隐藏导航展开按钮。
- 导航中使用下拉列表。
- 导航中使用 form 表单元素。

关键代码和实现步骤

（1）制作网站的导航条，先从导航开始，导航的结构代码很简单。

```
<ul class="nav">
    <li><a href="">首页</a></li>
    <li><a href="">博文</a></li>
    <li><a href="">留言</a></li>
</ul>
```

（2）当前导航竖排显示，要把这个导航变成网站的横排导航条，需要继续给 ul 添加.navbar-nav。

```
<ul class="nav navbar-nav">
    <li><a href="">首页</a></li>
    <li><a href="">博文</a></li>
    <li><a href="">留言</a></li>
</ul>
```

（3）导航的栏目默认提供了两种，一种是.navbar-default 默认样式，另一种是.navbar-inverse 黑色底色样式，我们可以分别给上面的 ul 外层添加一个 div，然后加入两个样式，同时还要给这个 div 添加.navbar 导航条样式，并给导航中的 li 添加当前高亮样式.active。

```
<div class="navbar navbar-default">
    <ul class="nav navbar-nav">
        <li class="active"><a href="">首页</a></li>
        <li><a href="">博文</a></li>
        <li><a href="">留言</a></li>
    </ul>
</div>
```

（4）接下来需要给导航添加自适应的导航隐藏展开按钮，同时给导航添加一个文字 LOGO。其中 navbar-fixed-top 表示一个吸顶的动作，即当页面内容多的时候导航条不随着浏览器滚动，一直吸附在顶端。

```
<div class="navbar navbar-inverse navbar-fixed-top">
    <div class="navbar-header">
        <!--自适应隐藏导航展开按钮-->
        <button type="button" class="navbar-toggle collapsed" data-toggle="collapse"
         data-target="#bs-example-navbar-collapse-1">
            <span class="sr-only">Toggle navigation</span>
            <span class="icon-bar"></span>
            <span class="icon-bar"></span>
            <span class="icon-bar"></span>
        </button>
        <!--导航条 LOGO -->
        <a class="navbar-brand" href="#">Brand</a>
    </div>
    <div class="collapse navbar-collapse" id="bs-example-navbar-collapse-1">
        <ul class="nav navbar-nav">
            <li class="active"><a href="">首页</a></li>
            <li><a href="">博文</a></li>
            <li><a href="">留言</a></li>
        </ul>
    </div>
</div>
```

（5）然后在导航后面添加一个搜索框，搜索框代码添加在</ul>下面，代码如下：

```
<form class="navbar-form navbar-left" role="search">
    <div class="form-group">
            <input type="text" class="form-control" placeholder="Search">
```

```
</div>
<button type="submit" class="btn btn-default">Submit</button>
</form>
```

（6）还可以在导航上添加右侧的功能导航，其代码可添加在刚刚添加的 form 表单后面，代码如下：

```
<ul class="nav navbar-nav navbar-right">
        <li><a href="#">登入</a></li>
        <li><a href="#">退出</a></li>
</ul>
```

（7）最后，在导航中添加一个下拉菜单功能，我们可以把这个代码添加在"留言"的后面。

```
<li class="dropdown">
<a href="#" class="dropdown-toggle" data-toggle="dropdown">博客信息 <span class="caret"></span></a>
    <ul class="dropdown-menu" role="menu">
        <li><a href="#">我的博客</a></li>
        <li><a href="#">我的好友</a></li>
        <li><a href="#">我的信箱</a></li>
    </ul>
</li>
```

3.7 缩略图

图片是网站设计中最能体现风格的一种方式，如果整个网站的图片设计得好，那么对用户体验则有一定的帮助，现在的网站越来越多的人倾向于突出图片，而不是文字化，让整个网站看起来更加立体，增加吸引力。但是由于图片占有资源比较大，因此如果网页增加太多的图片会占用网络带宽和资源，使网页打开速度较慢，而且由于移动终端的用户比较多，还有可能增加用户的资费。因此在制作网页的时候就需要用到缩略图。

缩略图代表网页上或计算机中图片经压缩方式处理后的小图，其中通常会包含指向完整大小的图片的超链接，如图 3.32 所示。缩略图用于在 Web 浏览器中更加迅速地装入图形或图片较多的网页。因其小巧，加载速度非常快，故用于快速浏览，相当于图片文件预览及目录的作用。

图 3.32   网页中的缩略图

要想实现图 3.32 的效果，通常将图片放在 ul 中，再设置浮动，使用 margin、padding 等属性，需要复杂的 CSS 代码才能实现。使用 Bootstrap 能够快速制作出图 3.32 的效果。在制作缩略图之前首先简单介绍响应式图片。

随着当前响应式设计和自适应设计的广泛应用，很多 Web 应用往往都兼容手机、平板和 PC，其中一个让人比较头痛的问题就是图片的加载了。不同平台显然不可能使用同样大小的图片，这样不但浪费手机流量、影响网站载入速度，而且在小屏幕下会很不清晰。让浏览器根据分辨率自动识别图片是最好的方法。在 Bootstrap 中同样只需要简单的引用类样式就能实现响应式图片。

在网页中添加一张图片，如果将浏览器缩小，图片是不随浏览器变化的，要想查看整张图片就只能拖动浏览器的滚动条，这在手机端是很不友好的，因此在此处应该使用响应式图片。使用响应式图片很简单，就是直接在图片上增加一个类样式即可。

<img src="../img/1.jpg" alt="" **class="img-responsive"**/>

class="img-responsive"表示该图片是响应式图片，随着浏览器的大小变化而等比变化。除了响应式图片外，Bootstrap 还对图片的形状进行了设置，有 3 种样式：

- .img-rounded：添加 border-radius:6px 获得图片圆角。
- .img-circle：添加 border-radius:50%让整个图片变成圆形。
- .img-thumbnail：添加一些内边距（padding）和一个灰色的边框。

此处以圆形为例，若想让图片变成圆形。首先图片的宽和高应一致，否则会变成椭圆，因为.img-circle 使用的是 border-radius:50%的样式，如果宽和高不一致，导致圆角的横纵半径不一致，会产生椭圆的效果。

<img src="../img/1.jpg" alt="" class="img-responsive img-circle"/>

下面通过示例 24 演示缩略图的使用。

⊃示例 24

```
<div class="container">
        <div class="row">
            <div class="col-sm-6 col-md-3 col-xs-6">
                <div class="thumbnail">
                    <img src="../img/img1.jpg" alt="">
                    <div class="caption">
                        <h3>左耳</h3>
                        <p>放肆青春掀全民追忆</p>
                        <p>
                            <a href="#" class="btn btn-primary" role="button">播放</a>
                            <a href="#" class="btn btn-default" role="button">下载</a>
                        </p>
                    </div>
                </div>
            </div>
        ...
</div>
```

示例 24 演示了缩略图的用法，缩略图主要和栅格系统配合使用，在栅格系统内部添加 div

元素，给 div 添加样式 class="thumbnail"，该样式的作用是 div 加上边框，并且使边框和图片以及边框和外部元素有一定间距，而且鼠标移入时边框颜色加深。class="caption"设置了字体的大小和颜色（#ccc）。效果如图 3.33 所示。

图 3.33　缩略图效果

3.8　媒体对象

媒体对象（Media Object）用于创建各种类型的组件（比如博客评论），可以在组件中使用图文混排，使图像左对齐或者右对齐。媒体对象可以用更少的代码来实现媒体对象与文字的混排。媒体对象的主要结构如下：

```
<div class="media">
    <div class="media-left">
        <a href="#">
            <img class="media-object" src="../img/pic1.jpg" alt="...">
        </a>
    </div>
    <div class="media-body">
        <h4 class="media-heading">...</h4>
        ...
    </div>
</div>
```

媒体对象放在 class="media"容器内，其中 class="media-left"表示媒体对象中左边的一张图片，class="media-body"表示要存放的具体内容，class="media-heading"里边放置的是内容的标题。示例 25 演示了使用媒体对象创建图书页面。

⊃示例 25

```
<!DOCTYPE html>
<html>
<head lang="en">
```

```html
        <meta charset="UTF-8">
        <title>缩略图</title>
        <meta name="viewport" content="width=device-width, user-scalable=no, initial-scale=1.0, maximum-scale=1.0, minimum-scale=1.0"/>
        <link rel="stylesheet" href="../bootstrap.min.css"/>
</head>
<body>
    <div class="container">
        <div class="media">
            <div class="media-left">
                <a href=""><img src="9157098.jpg" alt=""/></a>
            </div>
            <div class="media-body">
                <div class="media-heading">
                    <h4>C++ Primer 中文版（第 4 版）（一本久负盛名的 C++经典教程）</h4>
                    <p>作者：（美）Stanley B. Lippman Barbara E. Moo Josée LaJoie 著，李师贤 等译</p>
                    <small>本书是久负盛名的 C++经典教程，其内容是 C++大师 Stanley B. Lippman
丰富的实践经验和 C++标准委员会原负责人 Josée Lajoie 对 C++标准深入理解的完美结合。</small>
                </div>
            </div>
        </div>
        <div class="media">
            <div class="media-left">
                <a href=""><img src="9157098.jpg" alt=""/></a>
            </div>
            <div class="media-body">
                <div class="media-heading">
                    <h4>Effective C# 中文版改善 C#程序的 50 种方法</h4>
                    <p>作者：（美）Stanley B. Lippman Barbara E. Moo Josée LaJoie 著，李师贤 等译</p>
                    <small>本书是久负盛名的 C++经典教程，其内容是 C++大师 Stanley B. Lippman
丰富的实践经验和 C++标准委员会原负责人 Josée Lajoie 对 C++标准深入理解的完美结合。</small>
                </div>
            </div>
        </div>
        <div class="media">
            <div class="media-left">
                <a href=""><img src="9157098.jpg" alt=""/></a>
            </div>
            <div class="media-body">
                <div class="media-heading">
                    <h4>C++ Primer 中文版（第 4 版）（一本久负盛名的 C++经典教程）</h4>
                    <p>作者：（美）Stanley B. Lippman Barbara E. Moo Josée LaJoie 著，李师贤 等译</p>
                    <small>本书是久负盛名的 C++经典教程，其内容是 C++大师 Stanley B. Lippman
丰富的实践经验和 C++标准委员会原负责人 Josée Lajoie 对 C++标准深入理解的完美结合。</small>
                </div>
            </div>
        </div>
```

```
        </div>
    </div>
<script src="../jquery-1.10.2.min.js"></script>
<script src='../bootstrap.min.js'></script>
</body>
</html>
```

示例 25 运行效果如图 3.34 所示。

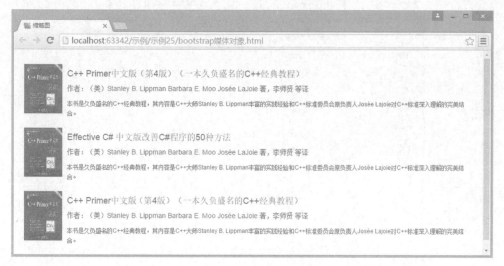

图 3.34　媒体对象

本章总结

- Bootstrap 提供了 7 种样式的按钮风格，其按钮样式的使用非常简单，只需要在 button 或者 a 元素中引入 button 对应的 class 即可，但应首先引入.btn 样式。
- Bootstrap 提供了对表格基本元素的支持，如 table、thead、tbody、tr、td、th、caption 等，只需要添加相应的类就能实现丰富多彩的表格。
- Bootstrap 支持最常见的表单控件，主要有 input、textarea、checkbox、radio 和 select，Bootstrap 通过一些简单的 HTML 标签和扩展的类即可创建出不同样式的表单。
- 输入框组指的是在输入框的前面、后面或者是两边添加文字或按钮，目前只支持文本输入框 input。如果和栅格系统一起使用，不要将表单组或者栅格列的类直接和输入框组混合使用，而应将输入框组嵌套到表单组或栅格相关元素的内部使用。
- Bootstrap 中定制了自己的一套下拉菜单效果，注意，使用下拉菜单除了引用 bootstrap.min.css 文件之外还必须引用 bootstrap.min.js 文件和 jQuery.js 文件。
- 按钮组是把多个 button 放在一个名为 btn-group 的容器中，除去第一个、最后一个和 dropdown 按钮，其他按钮都取消圆角。
- Bootstrap 导航主要包括以下几种：选项卡导航（nav-tabs）、胶囊式导航（nav-pills）、堆叠式导航（nav-stacked）、自适应导航（nav-justified）以及二级导航。只需要使用两个导航类就能创建基本的基于标签的导航。

本章作业

1. 简述什么是 Bootstrap 的输入框组。
2. 简述使用下拉菜单的步骤。
3. 请结合本章所学内容使用输入框组制作如图 3.35 所示效果。

图 3.35　输入框组

4. 制作如图 3.36 所示的选项卡导航。

图 3.36　选项卡导航

5. 请登录课工场，按要求完成预习作业。

第 4 章

Bootstrap 插件

本章技能目标

● 会在 Bootstrap 中使用 JavaScript 插件

本章简介

在网页中经常会有一些非常绚丽的效果，比如页面之间的跳转，通常只是浏览器快速切换实现从 A 页面跳转到 B 页面，但是有些网站却不仅仅是切换那么简单，而是有一些特殊的效果，比如平滑过渡，A 页面渐渐隐藏，B 页面渐渐显示。再比如网站首页常见的轮播广告，通常是几张图片放在一起，然后像幻灯片一样从上一张过渡到下一张，播放完最后一张再继续第一张。

还有很多其他的效果也经常在网站上运用，这些效果如果使用 JavaScript 和 CSS 也能完全实现，但是需要编写大量的 CSS 和 js 代码，而且难度比较大，制作也比较繁琐，并不是所有开发人员都能实现的。

JavaScript 插件很好地解决了这个问题，只需要将下载的插件引用到页面中就能直接使用，只需要很简单的几行代码就能实现绚丽的效果，本章主要讲解在 Bootstrap 中如何使用 JavaScript 插件。

Bootstrap 自带了 12 个 jQuery 插件，这些插件为 Bootstrap 中的组件赋予了"生命"。每个插件都可以单独地引入到页面中（注意插件间的依赖关系），或者一次性引入。不过首先要引入 jQuery 文件，因为有的插件是依赖于 jQuery 的（jQuery 的版本必须在 jQuery 10+以上才能使用）。

bootstrap.js 和 bootstrap.min.js 文件都将所有插件包含在一个文件中了（前者是未压缩版，后者是压缩版）。

在讲解插件之前首先了解 data 属性：通过 data 属性 API 就能使用所有 Bootstrap 中的插件，而且不用编写 JavaScript 代码。这是 Bootstrap 中的一等 API，并且是使用者的首选方式。

特殊情况是，在某些情况下可能需要特意禁用这种默认动作。因此，我们特地提供了禁用 data 属性 API 的方式，通过解除绑定在 body 上的被命名为 data-api 的事件即可实现。如下所示：

```
$('body').off('.data-api')
```

还可以解除特定插件的事件绑定，只要将插件名和 data-api 链接在一起作为参数使用。如下所示：

```
$('body').off('.alert.data-api')
```

甚至通过 data 属性 API 就能使用所有 Bootstrap 中的插件，而且不用编写 JavaScript 代码。当然很多时候还是需要 jQuery 代码的。

比如第 3 章的下拉菜单，没有任何 js 代码就能实现下拉菜单的显示和隐藏效果，这些效果使用 CSS 很难实现，通常都是配合 js 代码执行的，但这里并没有任何的 js 代码，到底是如何执行的呢？

在第 3 章中讲解过，要实现下拉菜单，必须要引入 jQuery.js 和 bootstrap.js 或 bootstrap.min.js，同时在下拉菜单中必须添加 data-toggle="dropdown" 属性，这是因为 bootstrap.js 和 bootstrap.min.js 都包含整合的所有插件，再通过 data-API（这里是 data-toggle）的方式实现下拉菜单的显示和隐藏，就能完整实现下拉菜单的效果。如果没有引用 js 文件或者没有使用 data-API，是没有办法实现下拉菜单效果的。这比用大量的 CSS 和 js 代码实现下拉菜单要简洁得多。当然，用户如果只需要一个下拉菜单的功能，也可只引用一个 dropdown.js 文件，不过这里建议引入整合后的 bootstrap.min.js 文件。

1 动画过渡

在网站中，经常会遇到页面跳转、图片切换、窗口弹出之类的效果，以前的网站只是由一个页面直接跳转到另外一个页面，并没有其他的效果呈现。而现在的很多网站，当打开新的窗口或者广告图片切换时，采用了很多平滑的过渡效果，用户使用起来感觉更亲切、柔和。

这些效果通常是用 CSS 和 js 代码来实现的，在 CSS3 中我们学习了过渡效果，使用 transition 属性，通过修改元素的位置、大小、角度、背景等一系列的样式属性来实现过渡效果。在 jQuery 同样通过 animate 实现动画效果，但是无论是 CSS3 还是 jQuery 都需要一定的技术基础以及一定的代码量，使用起来比较复杂。

Bootstrap 中提供了 bootstrap.js 插件，开发人员只需要调用这个文件或者引用 bootstrap.min.js 文件就可以很方便地使用这些过渡效果。

Bootstrap 框架默认给各个组件提供了基本动画的过渡效果，有两种使用方法：调用统一编译的 bootstrap.js 或者调用单一过渡动画的 JavaScript 插件文件 transition.js。这两种方法都要求在引入 js 文件之前引用 jQuery 10+版本以上的 jQuery 文件。

transition.js 文件为 Bootstrap 具有过渡动画效果的组件提供了动画过渡效果。不过需要注意的是，这些动画过渡都是采用 CSS3 语法来实现的，所以 IE6～IE8 浏览器里有很多 CSS3 的属性，如圆角、过渡等属性是不支持的，因此 IE8 以下的 IE 浏览器不具备这些动画过渡效果，应采用浏览器默认的方式实现。

在默认情况下，Bootstrap 框架中以下组件使用了动画过渡效果：

- 模态弹出窗（Modal）的滑动和渐变效果。
- 选项卡（Tab）的渐变效果。
- 警告框（Alert）的渐变效果。
- 图片轮播（Carousel）的滑动效果。

这几种页面效果不使用过渡也能实现，比如模态窗体，可以直接用 JavaScript 的 showModalDialog()方法实现该效果，但是这种方式弹出来的窗体比较生硬，而且样式也不好控制。使用 transition.js 可实现同样的功能，但是效果却完全不同。

下面以一个简单的示例演示过渡效果。

⊃示例 1

```html
<!--其余 HTML 代码省略-->
  <style>
        #div1{
            width:100px;
            height: 100px;
            background: red;
            transition: all 3s ;
        }
        #div1:hover{
            background: green;
        }
        img{
            border-style: dotted;
            border-width: 1px;
        }
  </style>
<img src="../img/1.jpg" alt="img"/>
    <div id="div1"></div>
    <script>
        var div = document.getElementById('div1');
        //transitionend 事件的一个基本辅助工具，也是对 CSS 过渡效果的模拟。它被其他插件用来检测
当前浏览器是否支持 CSS 的过渡效果。
        //不过它要做的事情 Bootstrap 已经封装了，一般不需要程序员自己编写
```

```
        div.addEventListener('transitionend',function(e){
            alert(1)
        })
    </script>
```

示例 1 实现的效果是一个红色背景的 div，当鼠标移入之后背景变成绿色，但是由于使用了过渡，从红色变成绿色不是生硬地直接从红色变成绿色，而是由红色渐渐变成绿色，使界面效果更好，在背景改变之后，执行回调函数 transitionend，弹出对话框。但是如果使用 Bootstrap，这些回调函数已经被 Bootstrap 封装了，不需要开发人员自己编写。其他的过渡效果也是一样的，下面将分别讲解这几个效果。

2 Bootstrap 中的 JS 插件

2.1 模态框

模态框即模态对话框（Modal Dialogue Box，又称模式对话框），是指在用户想要对对话框以外的应用程序进行操作时，必须首先对该对话框进行响应。如点击"确定"或"取消"按钮等将该对话框关闭。通常，通过点击父页面的按钮或链接弹出该窗体，目的是显示来自一个单独的源的内容，可以在不离开父窗体的情况下有一些互动。子窗体可提供信息、交互等。

图 4.1 是百度登录的一个模态窗体，用户可以在页面中间的窗体中输入用户名和密码，模态窗口后面的页面被一个灰色透明的遮罩层覆盖，这样用户不能再点击模态窗体后面的页面内容了。

图 4.1　百度模态窗口

使用 CSS 实现模态窗体的部分代码如下：

```
.cover
{
    width: 100%;
    height: 100%;
    position: absolute;        /*遮罩层绝对定位*/
    left: 0px;
    top: 0px;
    z-index: 100;
background-color: #cccccc;
/*透明度兼容所有浏览器*/
    filter: alpha(opacity=50);
    -moz-opacity: 0.5;
    -webkit-opacity: 0.5;
    opacity: 0.5;
}
```

上面的代码仅仅是后面遮罩层的代码，还没涉及前面登录窗体的样式以及弹出窗体的 js
代码，如果都要完成，代码非常复杂。如果使用 Bootstrap 弹出窗体的方式，其模态窗体的结
构如下：

```
<div class="modal">
    <div class="model-header">
        <button class="close" data-dismiss="modal">&times;</button>
        <h4 class="modal-title">这里是标题</h4>
    </div>
    <div class="modal-body">
        <p>这里是内容</p>
    </div>
    <div class="modal-footer">
        这里是底部
    </div>
</div>
```

上面的代码是 Bootstrap 实现模态窗体的主要结构，也就是点击按钮或链接时弹出来的模
态窗体，最外面的 class="modal"表示的是一个容器，所有模态窗体的结构都在该容器中存放。
Modal 的样式如下：

```
.modal {
    position: fixed;
    top: 0;
    right: 0;
    bottom: 0;
    left: 0;
    z-index: 1050;
    display: none;
    overflow: hidden;
    -webkit-overflow-scrolling: touch;        /*可以将这行注释，对比差别*/
    outline: 0;
}
```

该样式主要定义了容器的样式，其中-webkit-overflow-scrolling: touch;是 WebKit 的私有属性，允许独立的滚动区域和触摸回弹，读者可以将这行代码注释，查看一下差别。

class="model-header"容器表示弹出框的标题部分。

```
<button class="close" data-dismiss="modal">&times;</button>
```

上面 button 中的 class="close"和×表示一般窗体右上角的关闭按钮，通过 data-dismiss="modal"实现关闭的动作，表示点击该按钮能将这个模态窗体关闭。class="modal-body"中添加的是模态窗体的主要内容。class="modal-footer"主要显示在模态窗体的底部，用于存放确定或关闭之类的按钮。

⊃示例 2

```
<!--其余 HTML 代码省略-->
<!--modal 固定布局，上下左右都是 0 表示充满全屏，支持移动设备上通过触摸方式进行滚动-->
<div id="mymodal" class=" modal hide fade in">
<!--modal-dialog 默认相对定位，自适应宽度，大于 768px 时宽度为 600px，居中-->
<div class="modal-dialog">
<!--modal-content 模态框的边框、边距、背景色、阴影效果-->
            <div class="modal-content">
                <div class="modal-header">
                    <button class="close" data-dismiss="modal">&times;</button>
                    <h4 class="modal-title">我是标题</h4>
                </div>
                <div class="modal-body">
                    <p>我是内容……</p>
                </div>
                <div class="modal-footer">
                    <button class="btn btn-default" data-dismiss="modal">关闭</button>
                    <button class="btn btn-primary">保存</button>
                </div>
            </div>
        </div>
    </div>
<!--其余 HTML 代码省略-->
```

示例 2 中，class="modal-dialog"表示弹出的模态窗体默认采用相对定位，以及自适应视口宽度，当视口大于 768px 时，宽度为 600px，并且居中显示。class="modal-content"设置模态窗口的边框、背景、边距以及阴影效果等。

当示例 2 运行时，发现页面上并没有模态窗口弹出，也没有任何变化效果。这是因为通常模态窗体都是由按钮或链接激发的，并不是页面加载时就弹出模态窗口，因此要给模态窗体一个触发条件。可以通过以下 jQuery 代码来实现：

```
<script>
    $('.modal').modal();       //默认弹出，激活弹出的窗口
</script>
```

添加完 jQuery 代码后刷新页面，运行结果如图 4.2 所示。

图 4.2　模态窗体

查看图 4.2，首先右上角的叉号，是 button 中间的×生成的，只不过此时就是一个按钮中间带叉号，而且在左上角存在。通过 class="close"改变按钮的样式及定位，让其在右上角存在。

data-dismiss="modal"表示将窗口关闭，右上角的叉号按钮以及下面的关闭按钮都具有该属性，也就是都能实现将模态窗口关闭的功能。

class="modal-dialog"默认相对定位，自适应宽度，大于 768px 时宽度为 600px，并且居中显示。拖动浏览器改变大小，会发现图 4.2 的这种效果会随着浏览器窗口的变化而变化。

通常情况，模态窗口并不是通过刷新页面或页面加载生成，而是通过点击按钮或链接生成的。因此修改示例 2 的代码，在模态窗口代码的上方添加如下所示的代码：

```
<button class="btn btn-primary" data-toggle="modal" data-target="#mymodal">
    点击按钮触发弹框
</button>
```

data-target="#mymodal"表示当点击该按钮时，指向 id="mymodal"的容器。data-toggle="modal"表示该按钮的动作指向的插件是 modal（读者可以回想上一章的 data-toggle="dropdown"）。此时点击该按钮可触发模态窗体的弹出。同样 a 标签也能实现相同的效果，代码如下：

```
<a href="#mymodal" class="btn btn-primary" data-toggle="modal">点击按钮触发弹框</a>
```

以上模态窗体的属性说明如表 4.1 所示。

表 4.1　模态窗体的属性

代码	描述
div id="mymodal"	分配给相关 div 的 id，id 的值指向后边要实现 modal（模态框）的 JavaScript
class="modal hide fade in"	Bootstrap CSS 的四个属性 class-modal、hide、fade 和 in，用于设置 modal（模态框）的布局
<div class="modal-header">	modal-header 适用于定义模态窗口标题样式的 class
class="close"	用于设置模态窗口关闭按钮的样式
data-dismiss="modal"	data-dismiss 是一个定制的 HTML5 data 属性，用于关闭模态窗口
class="modal-body"	modal-body 是 Bootstrap 的一个 CSS class，用于设置模态窗口主体的样式

续表

代码	描述
class="modal-footer"	modal-footer 是 Bootstrap 的一个 CSS class，用于设置模态窗口尾部的样式
data-dismiss="modal"	HTML5 定制的 data 属性，用于关闭模态窗口
data-toggle="modal"	HTML5 定制的 data 属性，用于打开模态窗口

模态窗体除了示例 2 演示的属性外，还有几个选项，如表 4.2 所示。

表 4.2 模态窗口的属性

选项名称	类型/默认值	Data 属性名称	描述
backdrop	boolean 或 string 'static' 默认值：true	data-backdrop	指定一个静态的背景，当用户点击模态框外部时不会关闭模态框
keyboard	boolean 默认值：true	data-keyboard	当按下 escape 键时关闭模态框，设置为 false 时则按键无效
show	boolean 默认值：true	data-show	当初始化时显示模态框
remote	path 默认值：false	data-remote	使用 jQuery.load 方法，为模态框的主体注入内容。如果添加了一个带有有效 URL 的 href，则会加载其中的内容

示例 2 中弹出的模态窗口，当点击背景的时候会关闭页面，修改示例 2 的代码如下所示：

```
<div id="mymodal" class="modal" data-backdrop="static">
```

添加了 data-backdrop="static"属性，当再次点击背景时就不会出现模态窗口关闭的情况。另外还可以通过 js 代码来实现。例如使用 Esc 键关闭窗口，需要编写 jQuery 代码：

```
$("#mymodal").modal({
        keyboard: true
    })
```

然后再运行页面，点击按钮弹出模态窗口，点击 Esc 键，窗体将自动关闭（需要在#mymodal 中添加 tabindex="-1"属性，否则点击 Esc 键无效）。

运行上面的 JavaScript 代码会发现，只要页面刷新，即使不点击按钮模态窗口也同样会弹出。如果需要点击按钮才能弹出模态窗口，上面的代码则不适用，这里就用到了 show 方法。代码如下：

```
$("#mymodal").modal({
        keyboard: true,
        show:false
    })
```

show 方法表示初始化时不弹出模态窗口，也就是说刷新页面时没有窗口弹出，只有点击按钮或链接时才有窗口弹出。

通常使用 Bootstrap 插件自带的属性就足够了，当然，如果不满足需求，可以通过修改属性来实现所需要的效果。

除了属性之外模态窗体还有几个事件，用于截获并执行自己的代码，如表 4.3 所示。

表 4.3 模态窗体的事件

事件	描述
show.bs.modal	在调用 show 方法后触发
shown.bs.modal	当模态框对用户可见时触发（将等待 CSS 过渡效果完成）
hide.bs.modal	当调用 hide 实例方法时触发
hidden.bs.modal	当模态框完全对用户隐藏时触发

下面通过示例 3 演示模态窗体的事件。HTML 代码同示例 2 一样，这里只列出 JavaScript 代码。

⊃示例 3

```
<!--其余 HTML 代码省略-->
    $(function () {
        //用户点击了触发模态框按钮，在模态框显示之前执行
        $('#mymodal').on('show.bs.modal', function () {
            alert("在模态框显示出来之前触发。");
        })
        //用户点击了触发模态框按钮，在模态框显示之后执行
        $('#mymodal').on('shown.bs.modal', function () {
            alert("当模态框显示出来之后（同时 CSS 过渡效果也已执行完毕），此事件被触发。");
        })
        //用户点击了关闭模态框按钮，在模态框关闭之前执行
        $('#mymodal').on('hide.bs.modal', function () {
            alert("当 hide 实例方法被调用之后，此事件被立即触发。");
        })
        //用户点击了关闭模态框按钮，在模态框关闭之后执行
        $('#mymodal').on('hidden.bs.modal', function () {
            alert("当模态框向用户隐藏之后（同时 CSS 过渡效果也已执行完毕），此事件被触发。");
        })
    })
<!--其余 HTML 代码省略-->
```

读者运行这段代码，通过点击触发模态框按钮和关闭按钮查看事件的执行过程。

操作案例 1：利用模态窗体制作百度登录框

需求描述

制作百度的登录框，要求使用 Bootstrap 模态窗体。

实现效果

见本章图 4.1 所示的页面效果。

技能要点

- Bootstrap 栅格系统的使用。
- 使用 Bootstrap 的按钮效果。

Chapter 4

- 使用 Bootstrap 的表单元素。
- 使用 Bootstrap 的模态窗体。

关键代码和实现步骤

（1）创建 HTML5 界面，通过栅格系统、按钮特效，以及表单元素特效创建百度的搜索框。

```html
<!--用于触发模态窗体的按钮-->
<button class="btn btn-primary" data-toggle="modal" data-target="#mymodal">
登录 </button>
<div class="container" style="margin-top: 40px">
    <div class="row">
        <!--栅格系统，中屏幕占 6 列，向右偏移 3 列-->
        <div class="col-md-6 col-md-offset-3" >
            <!--输入框组-->
            <div class="input-group">
                <input type="text" class="form-control" placeholder="" >
                <!--让按钮和输入框一样显示，形成输入框组的效果-->
                <span class="input-group-btn" >
                        <button class="btn btn-primary" type="button">百度一下</button>
                </span>
            </div>
        </div>
    </div>
</div>
```

运行效果如图 4.3 所示。

图 4.3 百度搜索框效果

（2）制作模态窗体结构，当点击"登录"按钮时弹出模态窗体。

```html
<!-- modal 固定布局，支持移动设备上通过触摸方式进行滚动-->
<div id="mymodal" class="modal fade bs-examlpe-modal-sm">
    <!-- modal-dialog 默认相对定位，自适应宽度，大于 768px 时宽度为 600px，居中-->
    <div class="modal-dialog modal-sm">
        <!-- modal-content 模态框的边框、边距、背景色、阴影效果-->
        <div class="modal-content">
            <div class="modal-header">
                <button class="close" data-dismiss="modal">&times;</button>
                <h4 class="modal-title">登录百度账号</h4>
            </div>
            <div class="modal-body">
            </div>
```

```
                <div class="modal-footer">
                </div>
            </div>
        </div>
</div>
```

（3）创建登录界面，放置于模态窗体的 body 之中。

```
<div class="modal-body">
    <form action="#">
            <div class="col-md-10 col-md-offset-1 myMP">
                <input class="form-control" type="text" placeholder="手机/邮箱/用户名"/>
            </div>
            <div class="col-md-10 col-md-offset-1 myMP">
                <input class="form-control" type="text" placeholder="密码"/>
            </div>
            <div class="col-md-10 col-md-offset-1 myMP">
                <input type="checkbox" />下次自动登录
            </div>
            <div class="col-md-12 myB">
                <input class="btn btn-primary form-control" type="submit" value="登录"/>
            </div>
    </form>
</div>
```

（4）添加必要的 CSS 样式。

```
.myMP{
        margin: 20px;
    }
.myB{
        margin-bottom: 20px;
}
```

2.2　轮播图

网站上经常会有轮播图效果，即图片轮番滚动播放，从一个方向播放完后，又反向地播放回去，即 1－2－3－4，然后 4－3－2－1，或者循环播放。比如京东、淘宝等各大网站，只要是设计内容展示的网站，基本都有轮播图效果，如图 4.4 所示。

图 4.4　京东网站轮播图效果

轮播效果实现起来并不简单，既要用 CSS 控制图片效果和定位，又要用 JavaScript 控制图片轮换，还要考虑最后图片的无缝播放。而且，通常轮播图的下面或侧面还有小图标，表示当前轮播到第几张，以及使用鼠标点击时可跳转到相应的图片上。这些功能用 CSS 和 JavaScript 虽然能实现，但是代码量很大。虽然 jQuery 能减少部分代码，但总体较繁琐。

使用 Bootstrap 插件制作轮播图和制作弹出窗体一样，首先创建 HTML 结构，然后添加必要的 Bootstrap 样式，就能实现轮播效果。

Bootstrap 实现轮播效果的基本 HTML 结构如下：

```
<div class="container">
    <div id="myCarousel" class="carousel slide" data-ride="carousel">
        <!--圆圈指示符-->
        <ol class="carousel-indicators">
            <li data-target="#myCarousel" data-slide-to="0" class="active"></li>
        </ol>
        <!--图片容器-->
        <div class="carousel-inner" >
            <img src="../img/1.jpg" alt="...">
        </div>
        <!--左右控制按钮-->
        <a class="left carousel-control" href="#myCarousel" data-slide="prev">
            <span class="glyphicon glyphicon-chevron-left" ></span>
        </a>
        <a class="right carousel-control" href="#myCarousel" data-slide="next">
            <span class="glyphicon glyphicon-chevron-right"></span>
        </a>
    </div>
</div>
```

class="carousel"表示所有的轮播图及其他组件放在该容器中；slide 表示轮播图片的过渡效果，也就是从第一张图片到第二张图片的过渡效果；data-ride="carousel"属性用于标记在页面加载时就开始动画播放。

轮播图主要包含图片、左右按钮、对图片的描述以及下方圆点或方块形的标记，通常小圆点用 ol 表示。

class="carousel-indicators"表示轮播图片中指示圆点的样式和位置；li 的 class="active"表示该圆点被选中；data-target="#myCarousel"表示当点击指示圆点时让 li 指向最外层的 id=myCarousel 元素；data-slide-to="0"表示该指示圆点指向的轮播元素，注意索引是从 0 开始。

然后创建一个容器用于存放要显示轮播的图片，<div class="carousel-inner" ></div>用于存放轮播的图片，由于轮播的不一定只是图片，有时还会有对图片的描述之类的信息，因此在 <div class="carousel-inner"></div>容器中不直接存放图片，而是创建一组<div class="item"></div>在 class="item"中存放图片以及其他的描述信息。当给该容器添加 class="active"样式时该图片显示，不设置的时候隐藏图片，至此轮播图的效果就实现了。但是有时在轮播图的左右侧还有两个按钮，用户可点击以查看上一张或下一张图片，实现代码如下：

```
<a class="left carousel-control" href="#myCarousel" data-slide="prev">
    <span class="glyphicon glyphicon-chevron-left" ></span>
</a>
```

```
<a class="right carousel-control" href="#myCarousel" data-slide="next">
    <span class="glyphicon glyphicon-chevron-right"></span>
</a>
```

使用 a 元素分别表示左右按钮，其中：href="#myCarousel"相当于 data-target="#myCarousel"，用于指向最外层的容器；class="left carousel-control"和 class="right carousel-control"分别表示左侧和右侧的按钮样式以及定位；data-slide="prev"表示点击该按钮时显示上一张；data-slide="next"表示显示下一张；<span class="glyphicon glyphicon-chevron-left"></span>表示向左的箭头图标；<span class="glyphicon glyphicon-chevron-right"></span>表示向右的图标。

这样就能完整地实现轮播图的效果。默认情况下，Bootstrap 的轮播图是横向占满全屏的。

通过上面的分析，我们已经基本了解了轮播图的结构，下面通过一个示例演示轮播图的效果。

⊃ 示例 4

```
<!--其余 HTML 代码省略-->
    <div id="myCarousel" class="carousel slide" data-ride="carousel">
        <!--圆圈指示符-->
        <ol class="carousel-indicators">
            <li data-target="#myCarousel" data-slide-to="0" class="active"></li>
            <li data-target="#myCarousel" data-slide-to="1"></li>
            <li data-target="#myCarousel" data-slide-to="2"></li>
        </ol>
        <!--图片容器-->
        <div class="carousel-inner" >
            <div class="item active">
                <img src="../img/1.jpg" alt="...">
                <div class="carousel-caption">
                    <h3>图片 1</h3>
                    <p>图片 1 的描述</p>
                </div>
            </div>
            <div class="item">
                <img src="../img/2.jpg" alt="...">
                <div class="carousel-caption">
                    ...
                </div>
            </div>
            <div class="item">
                <img src="../img/3.jpg" alt="...">
                <div class="carousel-caption">
                    ...
                </div>
            </div>
        </div>
        <!--左右控制按钮-->
        <a class="left carousel-control" href="#myCarousel" data-slide="prev">
            <span class="glyphicon glyphicon-chevron-left"></span>
```

```
      </a>
      <a class="right carousel-control" href="#myCarousel" data-slide="next">
          <span class="glyphicon glyphicon-chevron-right"></span>
      </a>
  </div>
<!--其余 HTML 代码省略-->
```

示例 4 中的省略号部分是省略相同的图片代码，在示例 4 中有如下一段代码：

```
<div class="carousel-caption">
    <h3>图片 1</h3>
    <p>图片 1 的描述</p>
</div>
```

该代码段表示对图片的描述，由于该段代码写在 class="item"容器内，因此也随着图片改变而改变。示例 4 的显示效果如图 4.5 所示。

图 4.5　轮播图效果

上图中的轮播效果占满整个视口，Bootstrap 默认的效果就是横向占满整个浏览器，可以通过修改最外层容器的大小设置轮播的宽度，添加 CSS 代码如下：

```
#myCarousel{
    width: 600px;
}
```

最终效果如图 4.6 所示。

图 4.6　轮播图最终效果

　　使用 Bootstrap 制作轮播图，无非是书写轮播图结构，然后在结构中填充要轮播的内容即可，或者再添加一些必要的 CSS 代码即可。这比直接使用 CSS 和 JavaScript 代码编写轮播结构要简单很多，而且还不会出现兼容性的问题。

　　除此之外，Bootstrap 的轮播图还有几个选项，这些选项是通过 data 属性或 JavaScript 来传递的，如表 4.4 所示。

表 4.4　轮播图选项

名称	默认值	Data 属性名称	描述
interval	number 默认值：5000	data-interval	自动循环每个项目之间延迟的时间量。如果为 false，轮播将不会自动循环
pause	string 默认值："hover"	data-pause	鼠标进入时暂停轮播循环，鼠标离开时恢复轮播循环
wrap	boolean 默认值：true	data-wrap	轮播是否连续循环

　　默认情况下轮播图循环每个图片的时间为 5000 毫秒，可以通过 data-interval 属性修改轮播时间，修改示例 4，代码如下所示：

```
<div id="myCarousel" class="carousel slide" data-ride="carousel" data-interval="2000">
```

或者也可以通过 JavaScript 代码实现：

```
$('.carousel').carousel({
    interval: 2000
})
```

　　这两种方式的运行效果是相同的，都表示每隔两秒（2000 毫秒）轮播一次，另外两个选项的使用方式和 data-interval 相同，只是修改属性名，读者可以自行测试。

　　轮播图还有两个常用的事件：

- slide.bs.carousel：当轮播幻灯片开始之前执行该事件。
- slid.bs.carousel：当轮播完成幻灯片过渡效果时触发该事件。

执行事件的代码如下所示：

```
$('#myCarousel').on('slide.bs.carousel', function () {
    alert("当轮播幻灯片开始之前执行该事件");
})
```

运行时，先执行该事件，再进行轮播的动作。

操作案例 2：利用 Bootstrap 制作携程网首页的轮播图

需求描述
制作携程网的首页轮播图效果。

实现效果

页面效果如图 4.7 所示。

图 4.7　携程网轮播效果

技能要点

● 　Bootstrap 轮播图插件的使用。

● 　自定义轮播图效果。

关键代码和实现步骤

（1）创建 HTML5 界面，引入 Bootstrap 所需的组件。

（2）编写轮播图结构，设置每 3 秒图形转换。

```
<div id="myCarousel" class="carousel slide" data-ride="carousel" data-interval="3000">
        <!--圆圈指示符-->
        <ol class="carousel-indicators">
            <li data-target="#myCarousel" data-slide-to="0" class="active"></li>
            <li data-target="#myCarousel" data-slide-to="1" ></li>
            <li data-target="#myCarousel" data-slide-to="2"></li>
            <li data-target="#myCarousel" data-slide-to="3"></li>
        </ol>
        <!--图片容器-->
        <div class="carousel-inner">
            <div class="item active">
                <img src="1.jpg" alt="...">
            </div>
            <div class="item">
                <img src="2.jpg" alt="...">
            </div>
            <div class="item">
                <img src="3.jpg" alt="...">
            </div>
            <div class="item">
                <img src="4.jpg" alt="...">
            </div>
        </div>
    </div>
```

（3）修改指示圆点的样式。

```
.carousel-indicators li {
    border: 2px solid white;
    background: #0AB0E8;
}
.carousel-indicators li.active {
    background: #F8CD47;
}
```

该案例所需素材可到课工场下载。

2.3　选项卡

选项卡在网页中也是比较常见的，使用选项卡能节省大量网页空间，使网页看起来更加紧凑，内容安排更加合理，也更美观，选项卡常见于新闻、产品等分类介绍型页面。

选项卡由两部分组成，上面是分类导航，下面是装载内容的面板，点击不同的导航切换不同的面板，进而显示不同的内容，使同一块空间显示多样的内容，图 4.8 所示为网易首页的选项卡。

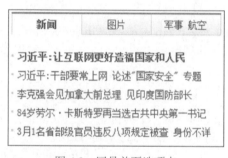

图 4.8　网易首页选项卡

当用户点击"新闻"时，下面的面板显示新闻信息，当用户点击"图片"时，切换面板，在同一区域显示图片信息。

同样使用 Bootstrap 的 JavaScript 插件实现选项卡面板比较简单，和其他的插件用法相似，先编写选项卡的 HTML 结构，然后再添加内容即可。

◯示例 5

```
<!--其余 HTML 代码省略-->
    <ul class="nav nav-tabs">
    <li class="active"><a href="#name1" data-toggle="tab">新闻</a></li>
    <li><a href="#name2" data-toggle="tab">图片</a></li>
    <li><a href="#name3" data-toggle="tab">军事 航空</a></li>
</ul>
<!--选项卡面板-->
<div class="tab-content">
    <div class="tab-pane fade in active" id="name1"> <!--fade 有淡入淡出的效果-->
        <p>
```

```
                    习近平视察军委联合作战指挥中心
            </p>
                ...
        </div>
        <div class="tab-pane fade " id="name2">
            <p>...</p>
        </div>
        <div class="tab-pane fade" id="name3">
            <p>...</p>
        </div>
    </div>
</div>
<!--其余 HTML 代码省略-->
```

选项卡控件由两部分组成，一部分是选项卡导航，另一部分是选项卡对应的主体内容。选项卡使用 ul 实现，class="nav nav-tabs"中的 nav 表示导航，nav-tabs 表示应用于选项卡的导航。li 中的<a href="#name1" data-toggle="tab">新闻</a>表示点击的导航。href="#name1"是超链接的锚点，用于指定对应面板的 id，点击选项卡时需要切换动作，因此需要 data-toggle="tab"表示选项卡的切换。

除了导航之外，还需要有选项卡的内容面板，<div class="tab-content">即为该面板中存放的选项卡的内容。

选项卡的内容放置在<div class="tab-pane fade in active" id="name1">之间，class="tab-pane"表示存放选项卡内容的容器，fade in 表示淡入的过渡效果，注意这里的 id=name1 和选项卡导航中的 href 一一对应。

除了上述用法之外，选项卡还有几个比较常用的事件：

● hide.bs.tab：在 tab 即将隐藏还未隐藏之前触发。
● show.bs.tab：在 tab 即将显示还未显示之前触发。
● hidden.bs.tab：在 tab 完全隐藏之后，css 动画也要结束时才触发。
● shown.bs.tab：在 tab 完全显示之后，css 动画也要结束时才触发。

下面的代码演示了事件的用法：

```
<script>
$('a[data-toggle="tab"]').on('shown.bs.tab', function (e) {
        alert("在 tab 完全显示之后，css 动画也要结束时才触发");
        })
</script>
```

其他几个事件的用法基本相同，读者可自行练习，在练习时请注意各个事件的执行时机。

2.4 折叠

折叠（Collapse）插件可以很容易地让页面区域折叠起来。它可以用来创建导航、可折叠的内容区域。该插件能够将多个标题排列，而只显示一个标题下的内容，如果点击其他标题，将所点击的标题的内容展示，其余内容隐藏，常用于导航菜单和显示内容。Collapse 插件的用法和选项卡插件的用法基本类似，也是引用 Collapse.js 文件或者直接引用 bootstrap.js 或 bootstrap.min.js。具体用法参见示例 6 所示。

⊃示例 6

```
<!--其余 HTML 代码省略-->
<!--折叠面板的分组，制作折叠面板时，需要将折叠的部分写在该容器内部-->
    <div class="panel-group" id="accordion">
<!--设置折叠的内容的容器，包含折叠部分的标题和内容-->
    <div class="panel panel-default">
        <!--折叠内容的标题部分，直接在页面上显示的标题-->
        <div class="panel-heading">
            <--标题的样式-->
            <h4 class="panel-title">
            <!--data-toggle="collapse"添加到想要展开或折叠的组件的链接上-->
            <!--data-parent 属性把折叠面板（accordion）的 id 添加到要展开或折叠的组件的链接上-->
            <!--href 或 data-target 属性添加到链接，它的值是子显示内容容器的 id-->
                <a data-toggle="collapse" data-parent="#accordion" href="#collapseOne">
                    青花瓷-第 1 部分
                </a>
            </h4>
        </div>
        <!--要折叠部分的内容-->
        <div id="collapseOne" class="panel-collapse collapse in">
            <div class="panel-body">
                素胚勾勒出青花笔锋浓转淡 瓶身描绘的牡丹一如你初妆 冉冉檀香透过窗心事我了然
宣纸上走笔至此搁一半 釉色渲染仕女图韵味被私藏 而你嫣然的一笑如含苞待放 你的美一缕飘散，去到我去
不了的地方
            </div>
        </div>
    </div>
    ......（第二部分和第三部分与第一部分相似，这里省略代码，读者可自己编写代码查看效果）
</div>
<!--其余 HTML 代码省略-->
```

示例 6 中只添加了折叠的第一部分内容，其余部分的内容由于篇幅限制没有列出，运行结果如图 4.9 所示。

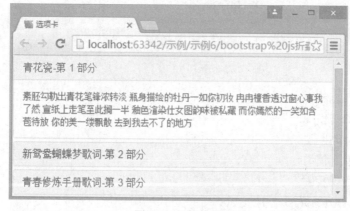

图 4.9　折叠效果

除了上面讲解的几种 JavaScript 插件以外，Bootstrap 还有其他几款插件，这些插件的用法比较简单，而且实际应用的比较少，读者可以通过帮助文档查看其用法。

Bootstrap 的插件功能强大，使用简单，首先需要引入必要的文件，可以使用具体的插件文件，也可以直接引入 bootstrap.js 文件。然后按照不同的插件编写不同的结构，最后将内容添加即可。

操作案例 3：利用 Bootstrap 制作导航菜单

需求描述
- 使用栅格系统设置导航菜单的布局。
- 使用折叠效果实现点击父级导航显示/隐藏二级导航。
- 为每一级导航设置图标。
- 编写必要的样式设置以实现页面效果。

实现效果
效果如图 4.10 所示。

图 4.10　折叠导航菜单

技能要点
- Bootstrap 栅格系统的使用。
- 折叠菜单的使用。
- 字体图标的用法。
- 导航菜单的使用。

关键代码和实现步骤
（1）创建 HTML5 界面，引入 Bootstrap 所需的组件。
（2）编写导航菜单 HTML 结构。

```
<div class="container-fluid">
    <div class="row">
        <div class="col-md-10"><!--设置栅格-->
        <!--设置一级导航菜单-->
            <ul id="main-nav" class="nav nav-tabs nav-stacked" style="">
                <li class="active">
                    <a href="#">
                        <i class="glyphicon glyphicon-th-large"></i>
                        首页
                    </a>
                </li>
                <li>
                    <a href="#systemSetting" class="nav-header collapsed" data-toggle="collapse">
                        <i class="glyphicon glyphicon-cog"></i>
                        系统管理
                        <span class="pull-right glyphicon glyphicon-chevron-down"></span>
                    </a>
                <!--设置二级导航菜单-->
                    <ul id="systemSetting" class="nav nav-list collapse secondmenu" style="height: 0px;">
                    <!--设置导航内容和图标-->
                        <li><a href="#"><i class="glyphicon glyphicon-user"></i>用户管理</a></li>
                        <li><a href="#"><i class="glyphicon glyphicon-th-list"></i>菜单管理</a></li>
                        <li><a href="#"><i class="glyphicon glyphicon-asterisk"></i>角色管理</a></li>
                    </ul>
                </li>
                ...
            </ul>
        </div>
    </div>
</div>
```

（3）修改默认导航的样式，部分样式代码如下：

```
#main-nav.nav-tabs.nav-stacked > li > a > span {
    color: #4A515B;
}
/*设置导航样式*/
    #main-nav.nav-tabs.nav-stacked > li.active > a, #main-nav.nav-tabs.nav-stacked > li > a:hover {
        color: #FFF;
        background: #3C4049;
        background: -moz-linear-gradient(top, #4A515B 0%, #3C4049 100%);
        background: -webkit-gradient(linear, left top, left bottom, color-stop(0%,#4A515B),
            color-stop(100%,#3C4049));
        background: -webkit-linear-gradient(top, #4A515B 0%,#3C4049 100%);
        background: -o-linear-gradient(top, #4A515B 0%,#3C4049 100%);
        background: -ms-linear-gradient(top, #4A515B 0%,#3C4049 100%);
        background: linear-gradient(top, #4A515B 0%,#3C4049 100%);
        filter: progid:DXImageTransform.Microsoft.gradient(startColorstr='#4A515B', endColorstr='#3C4049');
```

```
       -ms-filter: "progid:DXImageTransform.Microsoft.gradient(startColorstr='#4A515B',
            endColorstr='#3C4049')";
     border-color: #2B2E33;
  }
```

本章总结

- transition.js 文件为 Bootstrap 具有过渡动画效果的组件提供了动画过渡效果。不过需要注意的是，这些过渡动画都是采用 CSS3 语法来实现的，所以 IE6~IE8 浏览器里有很多属性是不支持的。
- 模态对话框是指在用户想要对对话框以外的应用程序进行操作时，必须首先对该对话框进行响应。Bootstrap 中使用 model 插件能实现模式窗体效果。
- 轮播图主要用于在网站上实现滚动的广告效果。默认占满整个视口，可以通过修改最外层容器的大小设置轮播的宽度。
- 使用选项卡能节省大量网页空间，使页面看起来更加紧凑，内容安排更加合理，也比较美观，选项卡常见于新闻、产品等分类介绍型页面。
- Bootstrap 的 JavaScript 插件用法基本相同，先编写插件的 HTML 结构，然后填充内容，如有必要则添加 jQuery 代码。

本章作业

1. 简述 Bootstrap 插件的使用方法。
2. 请写出制作模态框的 HTML 结构。
3. 请结合本章所学内容使用选项卡组件制作如图 4.11 所示页面。

图 4.11   选项卡页面效果

4．制作如图 4.12 所示的轮播图效果。

图 4.12　轮播图效果

注意，最下面的计数器和左右的控制按钮，需要修改原始的 CSS 样式，部分提示代码如下：

```
.carousel-control .glyphicon-chevron-left, .carousel-control .glyphicon-chevron-right {
    border: 2px solid #fff;
    border-radius: 50%;
    width: auto;
    height: auto;
}
.carousel-indicators li{
    border-radius: 0;
    text-indent:0;
    width:20px;
    height: 20px;
}
.carousel-indicators li.active{
    background-color: #FF4001;
    border:#FF4001 2px solid;
    width:22px;
    height: 22px;
    color:white;
}
```

5．请登录课工场，按要求完成预习作业。

第 5 章

jQuery Mobile 入门

本章技能目标

- 掌握 jQuery Mobile 的用法
- 掌握 data 自定义属性及使用方法
- 会使用 jQuery Mobile 实现页面的制作

本章简介

随着移动设备的普及，网页设计的工作重点也由单一的 PC 端网页设计方式转移到了移动设备的设计方式。但是由于移动设备的大小、分辨率的不确定性以及操作方式的改变，PC 端只有键盘按键和鼠标点击操作，而移动设备除了点击操作之外还有滑动、缩放等一系列的操作。这些都给原始的 Web 设计提出了挑战。

于是在 Web 设计领域出现了一些为移动设备而生的 Web 框架，前面学习的 Bootstrap 就是一款典型的框架，尤其到了 3.5 版本以后，都是移动先行。除了 Bootstrap 以外还有其他一些框架，本章介绍一款同样适合移动 Web 开发的 jQuery Mobile 框架。

jQuery Mobile 是 jQuery 在手机上和平板设备上的版本。jQuery Mobile 不仅给主流移动平台带来 jQuery 核心库，而且有一个完整统一的 jQuery 移动 UI 框架，支持全球主流的移动平台。

1 jQuery Mobile 入门

1.1 jQuery Mobile 简介

随着人们访问互联网的方式延伸到移动终端，开发者的工作方式也发生了很大的变化。互联网只有一个，电脑和手机访问的都是同一个新闻源。在为移动互联网做开发时，开发者面对的是完全不一样的设备。最明显的不同之处是屏幕尺寸，这也是开发人员遇到的第一个问题。除此之外，还有很多并不明显的差异，比如用户使用移动设备的情境通常和使用桌面电脑或笔记本电脑时的地点、场景完全不同。是否意味着开发者必须为用户不同的工作情境创建多个版本？这就是 jQuery Mobile 要解决的问题。

今天市场上几乎所有的智能手机（如 iPhone 以及基于 Android 的设备），都可以读取并显示完整的桌面站点，但是很多移动互联网网站除了 logo 和若干文本链接之外并无其他，而用户希望在智能手机上看到更多的东西！

jQuery Mobile 是一个用来构建跨平台移动 Web 应用的轻量级开源 UI 框架。jQuery Mobile 适用于目前流行的所有智能手机和平板电脑，使用 HTML5 和 CSS3 通过尽可能少的脚本对页面进行布局。让设计师和开发者使用少量代码即可更容易地创建跨平台、可定制的移动互联网体验。

jQuery Mobile 是一个基于 jQuery 及 jQuery UI 的统一的用户界面系统，支持目前流行的所有移动设备平台。它轻量级的代码使用渐进增强的方式构建，具有可伸缩、易更换主题的设计特点。

jQuery Mobile 项目始于 2010 年 8 月，它包含很多适用于多平台开发的模式及最佳实践。这个框架的主要特性有：

- 跨平台、跨设备、跨浏览器。
- 为触屏设备优化过的 UI。
- 设计为可修改主题及自定义。
- 只使用无侵入性的 HTML5 代码，无需了解任何 JavaScript、CSS 或 API 知识。
- 自动调用 AJAX 来加载动态内容。
- 构建于知名及有良好支持的 jQuery 核心之上。
- 轻量级尺寸，压缩后为 12KB。
- 渐进增强。
- 可访问性支持。

所谓渐进增强是一种用于 Web 设计的简单但非常强大的技术，它定义了几个层次的兼容性，允许所有用户都能访问网站的基本内容、服务以及功能，同时在那些对标准支持更好的浏览器上提供增强的体验。jQuery Mobile 完全使用这个技术构建。虽然该技术并不是专门为移动互联网定义的，但它却特别适合移动互联网设计。渐进增强能够在所有浏览器上访问基本内容、使用基本功能并且尊重终端用户浏览器的偏好设置。

jQuery Mobile 基于 HTML5、CSS3 以及 jQuery 框架，因此有很多支持 HTML 和 js 的 IDE

都支持 jQuery Mobile 开发，常见的有如下几种：

- Eclipse
- Dreamweaver
- Notepad++
- WebStorm
- Sublime
- Visual Studio

在本书中使用的是 WebStorm 工具。

1.2　jQuery Mobile 准备文档

使用 jQuery Mobile 之前，需要一些准备文件：

- jQuery 库的 JavaScript 文件。
- jQuery Mobile 库的 JavaScript 文件。
- jQuery Mobile 的 CSS 样式表单。

另外，对于某些 UI，jQuery Mobile 会使用一些列的 PNG 文件，不用显示包含，还有一个版本的 CSS 文件同时包含了核心文件和默认主题。这些文件可以从 jQuery Mobile 官网免费获取（网址：http://jquerymobile.com/）。当前 jQuery Mobile 的版本是 jquery.mobile-1.4.5，开发人员可以在官网上下载对应的版本文件：jquery.mobile-1.4.5.zip。解压之后的文件目录如图 5.1 所示。

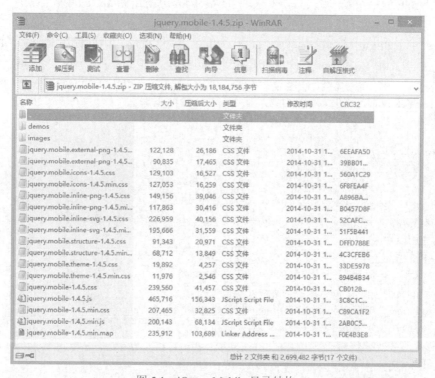

图 5.1　jQuery Mobile 目录结构

该目录中包含了 jQuery Mobile 所需的所有文件。推荐用户使用 jquery.mobile-1.4.5.min.css 和 jquery.mobile-1.4.5.min.js 文件。

通常在网站中使用 jQuery Mobile，只需要将下列文件（夹）添加到网站的根目录即可（此处以 1.4.5 版为例，也可以对应其他的版本）：

- jquery.mobile-1.4.5.min.css
- jquery-1.11.1.min.js
- jquery.mobile-1.4.5.min.js
- images（图片文件夹）

不同版本的 jQuery Mobile 对应的 jQuery 版本也不同，开发人员可到官网查询对应的 jQuery 版本，如果版本不对应可能会出现不兼容的问题。

在网站中使用 jQuery Mobile 有两种方式：托管文件方式和使用 CDN 方式。将 jQuery Mobile 文件下载并引入到网站的方式属于托管方式。如果用户不想下载文件，也可以使用 CDN（内容分发网络）方式，该方式使用起来非常简单，只需要复制粘贴对应的 JavaScript 和 CSS 外部文件的地址即可：

```
<link rel="stylesheet" href="http://code.jquery.com/mobile/1.4.5/jquery.mobile-1.4.5.min.css" />
<script src="http://code.jquery.com/jquery-1.11.1.min.js"></script>
<script src="http://code.jquery.com/mobile/1.4.5/jquery.mobile-1.4.5.min.js"></script>
```

该代码段可以在 http://jquerymobile.com/download/ 找到。

CDN 是为用户在互联网上托管相关文件的服务器，这种方法的缺点是只能在 Internet 中使用，不能离线使用，而且，从 CDN 引用文件总是引用的最新版，这就有可能会出现版本不同导致的错误，目前代码能正常运行，未来却可能会因为更新出问题。因此推荐使用托管文件的方式。

前文讲过，jQuery Mobile 是基于 HTML5 和 CSS3 运行的，因此使用 jQuery Mobile 首先要创建 HTML5。和 Bootstrap 一样，创建的 HTML5 也需要 meta 用于设置移动视口，jQuery Mobile 推荐将引用的 js 文件和 CSS 文件包含在 head 标签中。引用后的 HTML5 结构代码如下：

⊃示例 1

```
<!DOCTYPE html>
<html lang="en">
<head>
    <meta charset="UTF-8">
    <meta name="viewport" content="width=device-width, user-scalable=no, initial-scale=1.0, maximum-scale=1.0,
minimum-scale=1.0"/>
    <title></title>
    <link rel="stylesheet" href="../jquery.mobile-1.4.5.min.css"/>
    <script src="../jquery.min.js"></script>
    <script src="../jquery.mobile-1.4.5.min.js"></script>
    </head>
    <body>
    </body>
</html>
```

还有些常用设计方式和 Bootstrap 相似，在此处不做讲解，在后文的案例中涉及的部分再续讲解。

1.3 jQuery Mobile 架构

jQuery Mobile 使用一种非常简单的方式来定义 Web 内容，而且不会对 HTML 结构有任何的更改，因此即使 jQuery Mobile 不能加载，对 HTML 的显示也没有任何影响。

jQuery Mobile 框架的主要单位是页面（page）。这个页面和普通的 HTML 文件是不一样的，所谓的 jQuery Mobile 页面就是指在普通的 HTML 页面中添加一个指定 role 属性的 div 元素：

```
<div data-role="page">
    这个 jQuery Mobile 的一个页面
</div>
```

一个 HTML 文档能包含一个页面，也能在同一个文件中包含很多个页面。对大多数 Web 设计师来说这是一个新概念，同一个文档中插入多个可视页面，目的是减少延迟及下载时间。

1.3.1 jQuery Mobile 属性

data-*创建了很多自定义的属性，这些属性都符合 HTML 规范，在不破坏标签有效性的同时为其添加自定义的数据，自定义属性的最大好处是在不支持 HTML5 的浏览器上也能正常工作。jQuery 封装了一套方法用于设置和定义元素的属性。而 jQuery Mobile 提供了丰富的 UI 界面，赋予 HTML 元素不同的功能，如定义视图、UI 组件等。

jQuery Mobile 使用标准的 HTML 标记，如 div 标签。需要在这个 div 上定义一个属性，以便告诉框架如何处理它。jQuery Mobile 中使用的主要属性如表 5.1 所示。

表 5.1 jQuery Mobile 常用属性

属性	描述
data-role	定义元素在页面中的角色（page、header、content、footer）
data-title	定义 jQuery Mobile 视图页面的标题
data-transition	定义视图切换的动画效果
data-theme	置顶元素组件的主体风格
data-icon	在元素内添加一个小图标
data-inline	指定按钮根据内容自适应长度
data-type	定义分组按钮按水平或垂直方向排列
data-position	工具栏的显示或隐藏状态
data-filter	开启列表过滤搜索功能

还有很多其他的属性，此处不再一一列出，使用时再讲解，读者也可以在网络上搜索 jQuery Mobile 属性进行练习。

➲示例 2

```
<!DOCTYPE html>
<html lang="en">
<head>
    <meta charset="UTF-8">
    <meta name="viewport" content="width=device-width, user-scalable=no, initial-scale=1.0, maximum-scale=1.0,
minimum-scale=1.0"/>
    <title></title>
    <link rel="stylesheet" href="../jquery.mobile-1.4.5.min.css"/>
    <script src="../jquery.min.js"></script>
    <script src="../jquery.mobile-1.4.5.min.js"></script>
</head>
<body>
    <!--页面容器-->
    <div data-role="page" >
        <!--页面头部导航部分-->
        <div data-role="header" >
            <h2>我是头部</h2>
        </div>
        <!--页面内容部分-->
        <div data-role="content">
            <p>供观赏的自然风光、景物，包括自然景观和人文景观。是由光对物的反映所显露出来
的一种景象。犹言风光或景物、景色等，涵意至为广泛</p>
            <img src="1.jpg" alt=""/>
        </div>
        <!--页面底部导航部分-->
        <div data-role="footer">
            <h2>我是尾部</h2>
        </div>
    </div>
</body>
</html>
```

由于 body 以外的内容基本都相同，因此在以后的示例中这部分代码不再列出，读者可以自己添加运行。

示例 2 中整个页面都放置于<div data-role="page" >中，该页面由 3 部分组成，页面头部导航部分 data-role="header"、页面主体部分 data-role="content"和页面底部导航 data-role="footer"。示例 2 页面运行效果如图 5.2 所示。本示例中使用的是 Chrome 浏览器，读者在运行页面后，在页面上点击右键，选择"检查"，页面显示源代码，在点击图 5.2 中的手机图标（使用方框括起来的图标）就能显示图 5.2 的效果。然后选择<Select model>，选择不同的手机型号，就可以在浏览器上模拟手机效果。用户也可以安装手机模拟器，比如 Opera Mobile Emulator，可以从官网上获取文件（https://dev.opera.com/articles/opera-mobile-emulator/）。

图 5.2   jQuery Mobile 页面效果

在示例 2 中，并没有因为在移动浏览器上运行页面而写多余的 CSS 样式和 js 代码，只需要引用几个 data-*属性就能实现在各种移动设备上运行的页面效果。实际上在不同视口的浏览器显示所需的样式和 JavaScript 代码都已经由 jQuery Mobile 封装完成，用户只需要引用对应的 data 属性就能让 HTML 元素显示对应的效果和执行响应的动作。

修改示例 2 代码如示例 3 所示。

⊃示例 3

```
<!--第一个页面-->
<div data-role="page" id="page1">
    <div data-role="header">
        <h2>我是头部</h2>
    </div>
    <div data-role="content">
        <a href="#page2">下一页</a>
        <p>供观赏的自然风光、景物，包括自然景观和人文景观。是由光对物的反映所显露出来的一
种景象。犹言风光或景物、景色等，涵意至为广泛</p>
        <img src="1.jpg" alt=""/>
    </div>
    <div data-role="footer">
        <h2>我是尾部</h2>
    </div>
</div>
<!--第二个页面-->
<div data-role="page" id="page2">
    <div data-role="header">
```

```
            <h2>我是头部</h2>
        </div>
        <div data-role="content">
            <a href="#page1">上一页</a>
            <p>供观赏的自然风光、景物，包括自然景观和人文景观。是由光对物的反映所显露出来的一
种景象。犹言风光或景物、景色等，涵意至为广泛</p>
            <img src="2.jpg" alt=""/>
        </div>
        <div data-role="footer">
            <h2>我是尾部</h2>
        </div>
    </div>
```

运行示例 3，效果如图 5.3 所示。

图 5.3　多页面视图

示例 3 中添加了两个页面（data-role="page"），运行的时候只显示第一个页面，当点击链接时，显示第二个页面，而且有默认的过渡效果。示例 3 中两个页面的视图切换是通过指定视图的 id，并在各自视图内容区域添加超链接的 href 属性中设置#id 的方式就可以实现到另一个视图的切换。

视图切换的过渡效果是 jQuery Mobile 通过 CSS3 的 transition 动画机制，在多视图切换或返回按钮事件中，采用动画效果切换视图。切换方式如下所示。

- slide：从右到左滑动的动画效果。
- pop：以弹出的效果打开页面。
- slideup：向上滑动的动画效果。
- slidedown：向下滑动的动画效果。

- fade：渐变褪色的效果。
- flip：飞入的效果。

修改视图切换效果采用的是 data-transition 属性，修改示例 3 的代码如下：

```
<a href="#page2" data-transition="slide">下一页</a>
<a href="#page1" data-transition="slide">上一页</a>
```

再次点击按钮的时候，切换视图采用的是从右向左滑动的效果，其他的切换效果只需要修改 data-transition 属性即可。

1.3.2　jQuery Mobile 主题

jQuery Mobile 使用一个强大的主题机制来定义用户界面的可视化展现。当使用不同的主题时，主题中的每一个 HTML 元素（如页面、按钮或组件）都会自动使用该主题的样式。主题是指一组对排版、样式以及颜色的定义。每个主题都包含一组样式，在应用中，开发人员可以随时修改这些样式。使用不同的主题，HTML 元素具有不同的效果，默认主题包含从 a 到 e 的定义。开发人员也可以在以下网站自定义主题：http://themeroller.jquerymobile.com/。该网站是一个主题定制器，通过它无需直接编辑 CSS 文件即可以定义自己的主题。

使用主题很简单，只需要使用 data-theme 属性，并为该属性分配一个字母即可：

```
<div data-role="page" data-theme="a|b|c|d|e">
```

这样整个页面就使用了一个相应的主题。默认情况下，jQuery Mobile 为页眉和页脚使用 a 主题，为页眉内容使用 c 主题（亮灰）。

表 5.2 列出了 jQuery Mobile 默认的主题样式。

表 5.2　jQuery Mobile 默认主题

值	描述
a	默认，黑色背景上的白色文本
b	蓝色背景上的白色文本/灰色背景上的黑色文本
c	亮灰色背景上的黑色文本
d	白色背景上的黑色文本
e	橙色背景上的黑色文本

示例 4 演示了如何在 jQuery Mobile 中使用主题。

⊃示例 4

```
<div data-role="page" data-theme="b">
    <div data-role="header">
        <h2>我是头部</h2>
    </div>
    <div data-role="content">
        <p>供观赏的自然风光、景物，包括自然景观和人文景观。是由光对物的反映所显露出来的一种景象。犹言风光或景物、景色等，涵意至为广泛</p>
        <img src="1.jpg" alt=""/>
    </div>
```

```
        <div data-role="footer">
            <h2>我是尾部</h2>
        </div>
    </div>
</div>
```

示例 4 中演示的使用 b 主题，整体效果为黑色页面、白色文字，如图 5.4 所示（由于图片篇幅限制，本示例运行在 Opera Mobile Emulator 模拟器中，因此有如下效果图。）。

当然，同一个页面也可以使用不同的主题。只需要在不同的元素上使用不同的主题即可。修改示例 4 如下，效果如图 5.5 所示。

```
<div data-role="header" data-theme="b"></div>
<div data-role="content" data-theme="a"></div>
<div data-role="footer" data-theme="e"></div>
```

图 5.4　使用黑色主题　　　　　　　　图 5.5　同一页面多种主题

主题使用机制，即如果一个容器元素定义了一个主题，而它的子元素没有定义主题，则也将使用其父元素的主题。

1.3.3　jQuery Mobile 视图

视图也可以称为页面，是 jQuery Mobile 中的主要单位。一个典型的页面可分为页头、内容、页脚三个部分，其中只有内容部分是必不可少的。各个部分使用带对应 role 属性的 div 标签声明。下面是一个最基本的 jQuery Mobile 页面：

```
<div data-role="page">
    <div data-role="header">
        <h1>欢迎访问我的主页</h1>
    </div>
    <div data-role="content">
```

```
       <p>我是一名移动开发者！</p>
    </div>
    <div data-role="footer">
       <h1>页脚文本</h1>
    </div>
</div>
```

该代码段在 Opera Mobile Emulator 模拟器中的运行结果如图 5.6 所示。

图 5.6　jQuery Mobile 视图

包括页面、页头、页脚以及内容在内的各个部分都可以各自从当前主题中选择一个主题。而且大多数设备上 jQuery Mobile 都可以自行处理设备的方向，无论横向还是纵向，都会自动调整样式。

在页头和页脚中可以插入任何 HTML 内容，但由于标准 jQuery Mobile 样式表的限制，最好在页头中使用 h1，在页脚中使用 h4，以便达到最好的页面效果。

页脚是可选的，不过在 Web 应用的导航中，页头通常是必需的。页头结构已经被预定义并划分为三个区域：左侧、标题以及右侧。左侧和右侧区域用于放置操作按钮。中间部分放置标题，如果标题太长，会被自动截断，通常被截断的标题末尾会显示为省略号。

操作案例 1：制作 jQuery Mobile 基本页面

需求描述

依据所学内容创建 jQuery Mobile 的基本页面结构。

- 使用 CDN 方式引用 jQuery Mobile 文件。
- 创建基本页面结构。
- 在一个 HTML 中创建两个页面。
- 页面之间的切换使用渐变褪色的效果。
- 使用至少两种主题。

5
Chapter

技能要点

- 在网页中引入 jQuery Mobile。
- jQuery Mobile 基本页面结构的创建。
- jQuery Mobile 主题的使用。
- jQuery Mobile 过渡的实现。

关键代码和实现步骤

（1）创建 HTML5 界面，引入 meta 以及 jQuery Mobile 文件。

```
<link rel="stylesheet" href="http://code.jquery.com/mobile/1.4.5/jquery.mobile-1.4.5.min.css"/>
<script src="http://code.jquery.com/jquery-1.11.1.min.js"></script>
<script src="http://code.jquery.com/mobile/1.4.5/jquery.mobile-1.4.5.min.js"></script>
```

（2）创建 jQuery Mobile 的第一个页面结构。

```
<!--第一个页面-->
<div data-role="page" id="page1">
    <div data-role="header">
        <h2>我是头部</h2>
    </div>
    <div data-role="content">
        <a href="#page2">下一页</a>
        <p>这里是第一页</p>
    </div>
    <div data-role="footer">
        <h2>我是尾部</h2>
    </div>
</div>
```

（3）使用同样的方式创建第二个页面并设置过渡属性。

```
data-transition="fade"
```

1.3.4 jQuery Mobile 对话框

对话框是在 Web 应用中显示页面的另一种方式，它只是使用了不同语义的页面。对话框页面用于显示模态消息、列表，或与原页面没有层级关系的信息。

要打开对话框页面，只需在链接的 a 标签上加上 data-rel="dialog"属性即可，但是为了不给用户造成误解，过渡效果最好不要使用 data-transition="slide"。示例 5 是在示例 3 的基础上进行的修改，此处只列出修改的代码。

⊃示例 5

```
<div data-role="page" id="page1">
    <div data-role="header">
        <h2>我是头部</h2>
    </div>
    <div data-role="content">
        <a href="#page2" data-rel="dialog" data-transition="pop">下一页</a>
        <p>供观赏的自然风光、景物，包括自然景观和人文景观。是由光对物的反映所显露出来的一
种景象。犹言风光或景物、景色等，涵意至为广泛</p>
```

```
        <img src="1.jpg" alt=""/>
</div>
...
//其余代码和示例 3 相同。
```

点击下一页导航按钮，效果如图 5.7 所示。弹出窗口默认左上角有一个关闭按钮，可以点击以关闭对话框窗口，但是不能后退，如图 5.8 所示。

图 5.7　点击弹出按钮之前　　　　　　　　图 5.8　点击弹出对话框

除了示例 5 中使用设置导航的 data-rel="dialog"属性创建对话框外，还可以不修改导航属性而把页面 div 的 data-role="page"属性替换成 data-role="dialog"属性，同样也能实现对话框效果，修改示例 3 的代码如下：

```
<div data-role="dialog" id="page2">
    <div data-role="header">
        <h2>我是头部</h2>
    </div>
<!--其余代码省略-->
```

运行效果和示例 5 完全相同。

对话框页面和典型桌面应用中的弹出框或模态内容的行为很类似。使用链接、按钮或其他 UI 控件关闭对话框时，只应该链接回原来的页面。如果再次打开对话框，对话框处于关闭状态，再次打开的时候，会变成打开状态。因此，如果用户在对话框开着时刷新页面，将看到对话处于关闭状态的原始页面。

1.4   与电话整合

jQuery Mobile 使用在移动设备中，这就意味着移动设备的网站应尽量能与电话整合。比如用户使用移动设备上网时，网页上显示用户需要的电话，用户希望的是点击电话号码能直接拨打，而不是先将电话号码输入到电话中再拨打。

实现这个功能的一个方法是通过 URII 机制，a 标签链接的 href 属性中可以使用不同的协议。在制作 HTML 时，可以通过 mailto:的方式发送邮件。在移动浏览器上，还有很多协议，这些协议有些是大多数设备都支持的，还有些则是依赖平台的。

大多数移动设备同时也是电话，所以点击电话链接能够拨打电话的功能是十分有用的，设置起来也比较简单，只需要在链接上添加电话协议 tel:<电话号码>即可，代码如下：

```
<a href="tel:137****9632">拨打免费电话</a>
```

用户激活电话链接时将看到一个确认警告，询问是否要拨打这个电话，警告上会显示完整的电话号码以便用户做出决定。这是为了避免欺骗用户拨打国际电话或收费电话。一些非电话移动设备不允许语音呼叫，但它们会提示是否将该电话号码添加到电话簿中。

由于在浏览器或模拟器上不能拨打电话，拨打电话的功能不能运行。但会给出提示信息，图 5.9 显示的是在 Chrome 浏览器激活电话链接的效果。

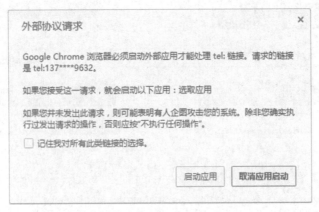

图 5.9   Chrome 浏览器激活电话链接

除了号码呼叫以外，手机最常用的一个功能就是发短消息，移动浏览器一般都提供通过链接打开新短消息窗口的功能。要实现这一点可通过 sms://的方式实现发短信的功能。使用这个方式必须在 jQuery Mobile 的网站中运行，这点和 tel:不同，tel:任何框架都可以运行。

发送短消息的语法是：

```
sms://[目标号码][?参数]
```

目标号码是可选的，也就是说不带任何参数即可打开设备的短消息编辑窗口。参数是短信的内容，用户也可以自己编写。出于安全原因（避免收费短消息内容），不是所有电话都支持定义消息内容参数。用户点击链接时，不会自动发送短消息，只是打开编辑短消息的窗口，用户必须手动完成整个过程。

```
<a href="sms//:137****9632">给我发消息</a>
<a href="sms//:137****9632?body=请给我发消息">给我发消息</a>
```

还有其他一些移动设备应用如彩信、视频、拍照之类的功能。由于电话型号不同，使用方式也不一样，此处就不再讲解，有兴趣的读者可以通过网络等方式进行了解。

操作案例 2：制作商家信息展示页面

需求描述

请使用 jQuery Mobile 实现商家信息展示页面。

- 使用托管文件的方式引入 jQuery Mobile 文件。
- 创建标准 jQuery Mobile 结构。
- 使用主题样式 c。
- 设置图片自适应。
- 网站与电话整合。

技能要点

- jQuery Mobile 文件的引用。
- jQuery Mobile 结构的创建。
- 网站与电话整合。
- 使用主题样式。

完成效果

页面运行效果如图 5.10 所示。

图 5.10   商家信息展示

关键代码和实现步骤

（1）设置引用托管文件。

```
<link rel="stylesheet" href="../jquery.mobile-1.4.5.min.css"/>
```

```
<script src="../jquery.min.js"></script>
<script src="../jquery.mobile-1.4.5.min.js"></script>
```

（2）设置表页面主题为"c"。

```
<div data-role="page" data-theme="c"></div>
```

（3）设置页面主体内容。

```
<div data-role="header">
<h2>【友谊路】蜀川天府</h2>
</div>
<div data-role="content">
        <img src="1.jpg" alt=""/>
        <p>蜀川天府位于友谊路路段，营业面积宽敞，建筑大气，泊车方便。蜀川天府锦上添花店全体
员工欢迎你的光临</p>
        <a href="tel:0335-3522888">0335-3522888</a>
</div>
<div data-role="footer">
        <h2>蜀川天府团购优惠多多</h2>
</div>
```

（4）网页与电话整合。

2 jQuery Mobile UI 组件

jQuery Mobile 中有很多 UI 组件，虽然使用 CSS 和 jQuery 也能实现这些 UI，但是为了兼容各个平台以及开发进度，建议优先使用框架提供的各种组件。jQuery Mobile 主要提供了如下几类 UI 组件：

- 工具栏组件。
- 格式化组件。
- 按钮组件。
- 列表组件。
- 表单组件。

2.1 网格系统

在前面的章节中，我们学习了 Bootstrap 的栅格系统。同样，在 jQuery Mobile 中也有自己的网格系统。

使用 CSS 类来定义网格系统，可以定义 2～5 列的网格。默认网格是不可见的，占满全部 100%的宽度，没有内外边距。网格最多也只有 5 列，因为在移动设备端，尤其是手机端，视口大小是有限制的，最多用的也就是两列。6 列基本上是用不上的，因此栅格系统最多也就只有 5 列。

创建网格只需使用块容器即可，一般情况都使用 div，默认情况下各列的宽度相同，可使

用的布局网格有四种，如表 5.3 所示。

表 5.3　网格类型

网格类	列数	列宽度	对应
ui-grid-a	创建 2 列网格	50% / 50%	ui-block-a|b
ui-grid-b	创建 3 列网格	33% / 33% / 33%	ui-block-a|b|c
ui-grid-c	创建 4 列网格	25% / 25% / 25% / 25%	ui-block-a|b|c|d
ui-grid-d	创建 5 列网格	20% / 20% / 20% / 20% / 20%	ui-block-a|b|c|d|e

ui-grid-*网格类表示在该列容器中（如 div）可以放置几列（最少 2 列，最多 5 列）。在列容器中，根据不同的列数，子元素可设置类 ui-block-a|b|c|d|e，这些列将依次并排浮动。如对于 ui-grid-a 类（两列布局），必须规定两个子元素 ui-block-a 和 ui-block-b 分别表示第一列和第二列。对于 ui-grid-b 类（三列布局），必须三个子元素 ui-block-a、ui-block-b 和 ui-block-c 分别表示第一列、第二列和第三列。默认的样式总不能满足客户的需求，因此很多时候需要修改默认样式，修改方式和修改 Bootstrap 的默认样式相似，只需覆盖原始样式即可。下面以示例 6 演示网格系统的使用。

⊃示例 6

```
<div data-role="content">
        <!--ui-grid-b 创建 3 列的网格-->
        <div class="ui-grid-b">
            <div class="ui-block-a" >
                <p>第 1 列</p>
            </div>
            <div class="ui-block-b" >
                <p>第 2 列</p>
            </div>
            <div class="ui-block-c" >
                <p>第 3 列</p>
            </div>
        </div>
    </div>
/*修改样式代码*/
.ui-block-a,.ui-block-b,.ui-block-c
        {
                background-color: lightgray;
                border: 1px solid black;
                height: 100px;
                font-weight: bold;
                text-align: center;
                padding: 30px;
        }
```

示例 6 只列出了网格和修改样式代码，其余代码并未列出。该示例中采用了 3 列网格，因此作为行的 div 使用了 <div class="ui-grid-b">，在该容器内添加了 3 列，使用 3 个 div 充当列。样式分别为：.ui-block-a、.ui-block-b、.ui-block-c，由于是 3 列，只能用这 3 个类，不能再有其他的类。采用覆盖原始样式类的方式修改默认样式。运行结果如图 5.11 所示。

图 5.11　网格系统

布局网格的工作方式为平铺排版，也就是说，如果添加的单元格比指定的列数更多，则相当于使用同一个网格模拟不同的行。例如对于 ui-grid-a，容器中只能放 ui-block-a 和.ui-block-b，但是可以多放置几个 ui-block-a 和 ui-block-b 组成多行，如示例 7 所示。

● 示例 7

```
<div class="ui-grid-a">
    <div class="ui-block-a">
        第 1 列
    </div>
    <div class="ui-block-b">
        第 2 列
    </div>
    /*从这里换行*/
    <div class="ui-block-a">
        第 1 列
    </div>
    <div class="ui-block-b">
        第 2 列
    </div>
</div>
```

运行效果如图 5.12 所示。由于 class="ui-grid-a"只能有两列，如果多添加 ui-block-a 和 ui-block-b 则自动换行，实现多行的效果。

图 5.12　多行栅格系统

 　　在手机终端使用列应该只放一些小元素，如按钮、链接或小项目。如果目标设备是平板电脑，列可用的空间则会多一些。

2.2　格式化内容

在 jQuery Mobile 页面中，最重要的就是内容部分，<div data-role="content"></div>区域的任何 HTML 代码都能正常工作。

jQuery Mobile 为每一个主题都包含良好的样式，对每一个元素的内间距、外边距、字体、边框、颜色等样式都针对当前主题及移动设备优化过，被定义过样式的元素包括 h1～h6、链接、粗体及斜体文本、引用、列表以及表格等。

除了基本的 HTML 元素，jQuery Mobile 也提供了一些使用 data-role 定义的组件。比如在页头及页脚处使用的 a 在内的一些元素有自动组件样式。示例 8 演示了常用的几个标签在 jQuery Mobile 默认主题下的样式。

⊃示例 8

```
<div data-role="content">
        <h1>H1 元素的样式</h1>
        <h2>H2 元素的样式</h2>
        <h3>H3 元素的样式</h3>
        <h4>H4 元素的样式</h4>
        <h5>H5 元素的样式</h5>
        <h6>H6 元素的样式</h6>
```

```
                <a href="#" data-role="button">这是 a 元素，使用了 data-role=button</a>
                <p>p 元素的样式</p>
                <ul>
                    <li>列表元素的样式</li>
                    <li>列表元素的样式</li>
                    <li>列表元素的样式</li>
                </ul>
        </div>
```

显示效果如图 5.13 所示。

图 5.13　主题指定样式

2.3　可折叠的内容

在移动设备上，空间非常有限，需要把用户当前不想看的内容隐藏起来，这就用到了可折叠内容的显示方式。可折叠内容可以通过关联的 JavaScript 行为，在触摸某个标题或按钮时将内容隐藏或显示，相当于 Bootstrap 中 collapse 插件的效果。

jQuery Mobile 已经为这种 UI 设计模式提供了支持，不需要我们再编写 JavaScript 代码，要创建可折叠内容，只需定义一个带有 data-role="collapsible"的容器。这个容器需要一个 h* 元素作为标题，同时用作开关按钮。可折叠内容则是容器内除了标题外的任何 HTML 代码，当点击标题时，这些代码在显示和隐藏之间切换。

默认情况下，页面加载时 jQuery Mobile 会折叠内容。可以在容器上使用 data-collapsed="false"来让内容默认打开。

⊃示例 9

```
<div data-role="content">
    <!--data-role="collapsible"可以让内容变为可折叠的-->
```

```
<div data-role="collapsible">
    <h3>梦里花落知多少</h3>
    <p>《梦里花落知多少》是当代著名作家郭敬明创作的一部长篇小说。小说以北京、
        上海等大都市为背景，讲述了几个年轻人的爱情故事......
        </p>
</div>
<!--data-collapsed="false"让下面的内容是展开的-->
<div data-role="collapsible" data-collapsed="false">
    <h3>花千骨</h3>
    <p>《花千骨》2008 年 12 月 31 日独家首发于晋江文学城。Fresh 果果成
        名之作，经典仙侠文......</p>
</div>
</div>
```

运行效果如图 5.14 所示。图中，jQuery Mobile 添加了加号图标和减号图标，分别用作打开和关闭按钮。和其他富控件一样，可以使用 data-theme 来改变这个可折叠面板的样式，这个属性只影响内容，而不会影响可折叠面板中打开、收起按钮的动作。

可折叠内容面板可以嵌套，jQuery Mobile 会自动在每一级可折叠面板上添加外边距。为避免让 UI 及 DOM 过于复杂，建议不要添加超过两级的嵌套。在示例的基础上添加代码如示例 10 所示。最终显示效果如图 5.15 所示。

图 5.14 折叠效果

图 5.15 嵌套折叠面板

⊃示例 10

```
<!--外层折叠-->
<div data-role="collapsible">
    <h2>爱情小说</h2>
    <!--内层折叠-->
```

```
<!--data-role="collapsible"可以让内容变为可折叠的-->
    <div data-role="collapsible">
            <h3>梦里花落知多少</h3>
            /*折叠内容省略*/
    </div>
        <!--data-collapsed="false"让下面的内容是展开的-->
        <div data-role="collapsible" data-collapsed="false">
            <h3>花千骨</h3>
            /*折叠内容省略*/
        </div>
    </div>
```

注意　如果在可折叠容器中没有定义 h*元素，则内容将处于打开状态且不能收起。如果定义了多个 h*元素，则第一个会被用作标题，其他的将作为内部的内容显示。

折叠效果中有一种特殊的手风琴折叠效果，它允许将多个可折叠内容聚合起来，一次只有一个面板可见，即当你看见某个面板时，所有其他面板都已被收起。实现起来很简单，只需要将折叠面板的最外层添加 data-role="collapsible-set"属性即可，修改示例 10，将最外层嵌套容器的 data-role="collapsible"修改为 data-role="collapsible-set"即可，这样就实现了手风琴效果，示例 10 中的<h2>爱情小说</h2>就变成了一个标题。

当运行模拟器的时候由于内容比较多，会出现滚动条，当滚动条滚动时，页头和页脚也随着滚动，在很多情况下，页头和页脚是不随着内容滚动的。在 jQuery Mobile 中可以使用 data-position="fixed"属性固定页头和页脚，代码如下：

```
<!--data-position="fixed"让头部固定-->
    <div data-role="header" data-position="fixed">
        <h2>我是头部</h2>
    </div>
```

2.4　工具栏

工具栏在 Web 应用中是很常见的，常用于定义页头或者页脚的区域。页头及页脚都是可选的，不过通常 Web 应用都有页头。页头是页面顶部用于放置标题、注册或者后退、关闭按钮的条形区域。页头通常由一个<div data-role="header">定义，其中包含一个 h1 作为标题。

页脚与页头类似，位于 Web 应用的底部，用途更为广泛。它可以包含版权信息、或者工具栏或标签导航在内的一系列按钮。定义页脚使用<div data-role="footer">。

触摸设备的移动可用性设计通常在右侧使用完成、保存以及发送等按钮，在左侧使用取消、返回、退出以及注销等动作。页头的按钮只是一个超链接，使用的是位于页头中的 a 元素。如果只提供了一个 a 元素，则它将位于标题的左侧。如果添加了两个按钮，则第一个将位于标题左侧，第二个则将位于标题右侧。

⊃ 示例 11

```
<div data-role="page">
    <!--data-position="fixed"让头部固定-->
    <div data-role="header" data-position="fixed">
        <a href="#">取消</a> <h2>我是头部</h2><a href="#">注册</a>
    </div>
    <div data-role="content">
     页面主体内容
    </div>
    <div data-role="footer" data-position="fixed">
        <h2>我是尾部</h2>
    </div>
</div>
```

示例 11 中页头添加了两个超链接，默认显示成按钮效果，第一个位于标题左侧，第二个则位于标题右侧。页面效果如图 5.16 所示。

图 5.16　页头工具栏

如果想强制指定按钮的位置，可以使用 CSS 类：

```
<a href="#" class="ui-btn-left">取消</a>/*将按钮强制在左侧*/
<a href="#" class="ui-btn-right">注册</a>/*将按钮强制在右侧*/
```

很多时候，工具栏的导航按钮不仅仅有文字，更多的是使用图标或者文字和图标，jQuery Mobile 提供了一整套完备的图标，用户只需要设置 data-icon 属性即可。修改示例 11 代码如下：

```
<div data-role="header" data-position="fixed">
        <a href="#" data-icon="back">取消</a>   <!--添加取消图标-->
    <h2>我是头部</h2>
<a href="#" data-icon="gear">注册</a>   <!--添加注册图标-->
</div>
```

效果如图 5.17 所示。

Chapter

5

图 5.17　按钮图标

　　jQuery Mobile 提供了很多图标，对应 data-icon 的很多属性，不同属性对应不同的图标，开发人员没必要全部记住所有的属性值，当使用图标时可以登录以下网址：http://api.jquerymobile.com/icons/，在该网站上查找对应图标的名称，将其设置为 data-icon 的属性即可。图 5.18 列出了该网站展示的部分图标，开发人员在使用时直接使用图标的名称即可。每一个图标都可以单独使用主题，只需设置 data-theme 即可，默认可以使用父元素的主题。

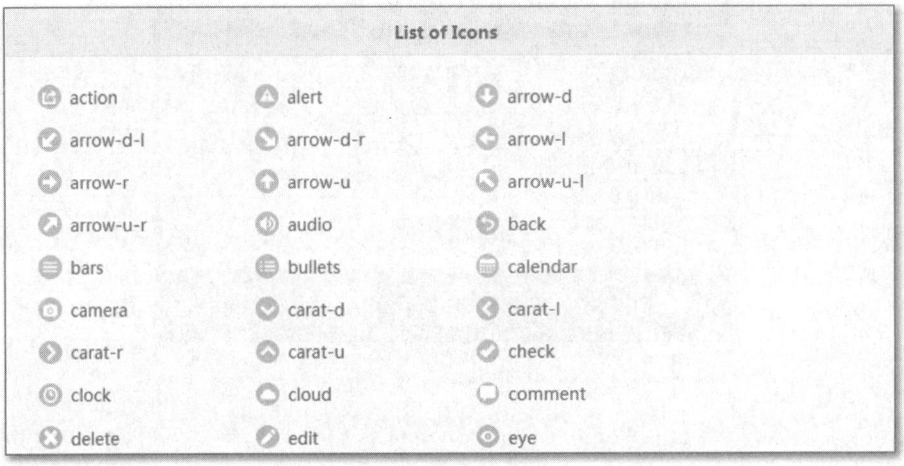

图 5.18　jQuery Mobile 图标

　　除了在页头添加工具栏以外，还可以在页脚添加工具栏，页脚远比页头灵活。和页头一样，每个 a 元素都会被渲染为按钮。页脚中没有左、右按钮位，每个按钮都以内联方式添加，一个接着一个。就像微信底部的按钮一样，在视口允许的情况下可以添加任意数量的按钮。

　　通常在页脚处的工具栏是以列表的方式实现。示例 12 演示了使用列表方式实现页脚工具栏效果。

⊃示例 12

```
<div data-role="footer" data-position="fixed">
        <div data-role="navbar">  <!--设置工具栏属性-->
```

```
                <ul>
<!--设置工具栏内容并添加图标-->
                    <li><a href="#" data-icon="home">主页</a></li>
                    <li><a href="#" data-icon="info">信息</a></li>
                    <li><a href="#" data-icon="search">搜索</a></li>
                    <li><a href="#" data-icon="back">返回</a></li>
                </ul>
            </div>
        </div>
</div>
```

运行示例 12，效果如图 5.19 所示。

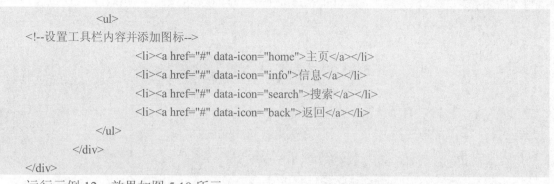

图 5.19　列表方式实现底部工具栏

将列表写在 data-role="footer"容器内，并在 ul 外部添加 data-role="navbar"容器，就能实现底部菜单效果（结构见示例 12），用户可以通过 data-icon 决定是否添加图标以及添加何种图标。

操作案例 3：制作影视介绍页面

需求描述

制作影视介绍页面。

- 创建 jQuery Mobile 页面。
- 设置页头信息。
- 设置折叠效果显示电影信息。
- 设置网格系统显示电影信息
- 覆盖默认样式满足页面需求。
- 设置图标使网页更易读。
- 编辑底部导航栏显示导航信息。

完成效果

页面效果如图 5.20 所示。

图 5.20 影视介绍页面

技能要点

- jQuery Mobile 页面结构的创建。
- 折叠效果的使用。
- 网格系统的使用。
- 头部和底部工具栏的使用。
- 图标系统的使用

关键代码和实现步骤

（1）制作页面结构，使用默认主题，实现页头效果。

```
<div data-role="page" data-theme="b">
    <div data-role="header">
        <a href="#" data-icon="carat-l">返回</a>
        <h1>影视简介</h1>
</div>
```

（2）设置折叠效果用于显示影视信息。

```
<div data-role="collapsible" data-collapsed="false">
    <h6>变形金刚</h6>

    ...
</div>
<div data-role="collapsible">
    <h4>世界大战</h4>

    ...
</div>
```

（3）在折叠容器内部设置两列网格系统用于显示影视信息。

```
<div class="ui-grid-a">
    <div class="ui-block-a"><img src="1.jpg" alt=""/></div>
```

```
        <div class="ui-block-b">
            《变形金刚》（Transformers）是派拉蒙电影公司联合梦工场影业于......
        </div>
    </div>
</div>
```

（4）设置页脚工具栏并固定。

```
<div data-role="footer" data-position="fixed">
    <div data-role="navbar">
            <ul>
                    <li><a href="#" data-icon="home">主页</a></li>
                    <li><a href="#" data-icon="info">信息</a></li>
                    <li><a href="#" data-icon="search">搜索</a></li>
                    <li><a href="#" data-icon="video">更多...</a></li>
            </ul>
    </div>
</div>
```

（5）修改默认样式，适应显示效果。

```
.ui-grid-a > .ui-block-a {
        width: 30%;
}
.ui-grid-a > .ui-block-b {
        width: 70%;
        font-size: 0.8em;
}
```

2.5　按钮

在 HTML 中，a 元素可被用于创建页面之间及指向外部内容的链接。不过，普通 a 元素的效果并不适合触摸设备，a 元素通常是内联的，只有文字是可点击区域，这对使用触摸设备的用户来说使用起来很不方便。因此，jQuery Mobile 中将 a 元素渲染成按钮的形式。

创建按钮的方式有如下几种：

● 使用 button 元素。

● 使用 input 元素，包括 type="button | submit | reset | image"。

● 任何带有 data-role="button"的 a 元素。

jQuery Mobile 按钮一般的默认样式效果为带有居中的文字、圆角及阴影，以及可以添加图标的效果。如果想给 button 或 input 元素取消默认样式，可以使用 data-role="none"属性自动关闭默认样式功能。

默认情况下按钮会占满屏幕的整个宽度，即每个按钮会独占一行。示例 13 演示了在页面中创建按钮的效果。

⊃示例 13

```
<div data-role="content">
        <button>button 按钮</button>   <!--默认样式按钮-->
```

```
<!--引用 b 主题按钮-->
        <input type="submit" value="submit 按钮" data-theme="b"/>
<!--带图标按钮-->
        <a href="#" data-role="button" data-icon="back">a 元素类型的按钮</a>
</div>
```

示例 13 中定义了 3 个按钮分别是 button、input 和 a 元素按钮,其中 input 按钮使用了 b 主题,a 元素的按钮使用了图标,默认按钮是块元素,一个按钮占满一行,如图 5.21 所示。

图 5.21 按钮效果

可以在元素上使用 data-inline="true"属性让按钮变为行内元素,这种按钮不会占满屏幕宽度。修改示例 13 的代码如下:

```
<div data-role="content">
        <button data-inline="true">button 按钮</button>    <!--默认样式按钮-->
        <!--引用 b 主题按钮-->
        <input data-inline="true" type="submit" value="submit 按钮" data-theme="b"/>
        <!--带图标按钮-->
        <a href="#" data-inline="true" data-role="button" data-icon="back">a 元素类型的按钮</a>
</div>
```

运行效果如图 5.22 所示,三个按钮占有一行。当然,如果视口过小也同样会换行。

图 5.22 行内按钮

默认情况下按钮的图标在文字的左面，可以通过设置 data-iconpos 的方式修改图标的位置。见示例 14 所示。

⊃示例 14

```
<a href="#" data-inline="true" data-role="button" data-icon="home" data-iconpos="top">
主页</a>
<a href="#" data-inline="true" data-role="button" data-icon="info" data-iconpos="left">
信息</a>
<a href="#" data-inline="true" data-role="button" data-icon="search" data-iconpos="right">搜索</a>
<a href="#" data-inline="true" data-role="button" data-icon="back" data-iconpos="bottom">返回</a>
<a href="#" data-inline="true" data-role="button" data-icon="mail" data-iconpos="notext">电子邮件</a>
```

运行效果见图 5.23，通过设置 data-iconpos 属性就能很简单地设置文字和图标的相对位置。注意最后一个 data-iconpos="notext" 表示只有图标没有文字的效果，如图 5.23 所示的邮件图标，其实是一个按钮，该按钮没有文字只有图标。

图 5.23　按钮图标位置

如果有多个按钮彼此相关，可以将它们组合起来，这样会得到一个不同的用户界面，其中每个按钮都位于一个分组容器中，这种方式被称为按钮组。实现起来也比较简单，只需要将这些按钮放在 `<div data-role="controlgroup">` 容器中即可，注意如果使用按钮组不要设置 data-inline 属性。默认的按钮组是垂直按钮组。

⊃示例 15

```
<div data-role="controlgroup">
        <a href="#" data-role="button" data-icon="home" >主页</a>
        <a href="#" data-role="button" data-icon="info" >信息</a>
        <a href="#" data-role="button" data-icon="search" >搜索</a>
        <a href="#" data-role="button" data-icon="back" >返回</a>
</div>
```

Chapter 5

示例 15 的运行效果如图 5.24 所示。

图 5.24　垂直按钮组

如果想实现垂直按钮组效果，可在按钮组容器中添加 data-type="horizontal"属性。水平按钮组的效果如图 5.25 所示。

图 5.25　水平按钮组

操作案例 4：制作音乐播放器页面

需求描述

制作手机端的音乐播放器效果。

- 创建 jQuery Mobile 页面。
- 设置页头信息。
- 设置按钮组效果。
- 编辑垂直按钮组效果。

完成效果

页面效果如图 5.26 所示。

图 5.26　音乐播放器

技能要点

● jQuery Mobile 页面结构的创建。

● 按钮和按钮组的使用。

● 图标的使用。

● 主题的使用。

关键代码和实现步骤

（1）制作页面结构，使用 b 主题，实现页头效果。

```
<div data-role="page" data-theme="b">
    <div data-role="header">
        <a href="#" data-icon="carat-l">返回</a>
        <h1>音乐播放器</h1>
</div>
```

（2）设置垂直按钮组，在按钮组内部添加普通按钮和超链接图片按钮。

```
<div data-role="controlgroup">
    <a href="#" data-role="button">big big word </a>
    <a href="#" data-role="button">
            <img src="1.jpg" style="width:80%;"/>
    </a>
    <a href="#" data-role="button">年轮</a>
    <a href="#" data-role="button">数鸭子 </a>
</div>
```

（3）设置水平按钮组。

```
    <div data-role="controlgroup" data-type="horizontal">
            <a href="#" data-role="button">后退</a><!--data-icon="arrow-l"
                data-iconpos="notext"-->
        <a href="#" data-role="button">播放</a>
        <a href="#" data-role="button">暂停</a>
        <a href="#" data-role="button">后退</a>
    </div>
```

（4）设置页脚并固定。

```
<div data-role="footer" data-position="fixed">
        <h1>暂无歌词</h1>
    </div>
```

本章总结

- jQuery Mobile 是一个用来构建跨平台移动 Web 应用的轻量级开源 UI 框架。jQuery Mobile 适用于所有流行的智能手机和平板电脑，可使用 HTML5 和 CSS3 通过尽可能少的脚本对页面进行布局。

- jQuery Mobile 中的 data-*创建了很多自定义的属性，这些属性都符合 HTML 规范，在不破坏标签有效性的同时为其添加自定义的数据。

- jQuery Mobile 使用一个强大的主题机制来定义用户界面的可视化展现，使用主题很简单，只需要使用 data-theme 属性，并为该属性分配一个 a 到 e 的字母。

- 视图也可以被称为页面，是 jQuery Mobile 中的主要单位。一个典型的页面可分为页头、内容、页脚三个部分，用<div data-role="page">声明。

- 可折叠内容可以通过关联的 JavaScript 行为，在触摸某个标题或按钮时将内容隐藏或显示，相当于 Bootstrap 中 collapse 插件的效果。

- 在底部实现工具栏需要将列表写在 data-role="footer" 容器内，并在内部添加 data-role="navbar" 容器，然后再在容器内部添加列表。

- jQuery Mobile 将含有 data-role="button"属性的 a 元素、button、type="button | submit | reset | image"的 input 元素渲染为按钮，可以将多个按钮（一般少于 5 个）放置于一个<div data-role="controlgroup">容器中形成按钮组。

本章作业

1. 简述如何在网站中使用 jQuery Mobile。
2. 简述 jQuery Mobile 的页面结构以及编写代码。
3. 简述网格系统的实现过程。
4. 请结合本章所学内容制作如图 5.27 所示页面。

图 5.27　工具栏页面

5. 为第 4 题添加按钮组，效果如图 5.28 所示。

图 5.28　按钮组效果

6. 请登录课工场，按要求完成预习作业。

第 6 章

jQuery Mobile 基础

本章技能目标

- 掌握列表元素的用法
- 掌握表单组件属性及其使用
- 理解 jQuery Mobile API 的基本用法

本章简介

在上一章我们已经使用 jQuery Mobile 创建了若干非常简单的页面。下一步是学习使用框架提供的各种控件和视图。几乎所有移动项目的内容中都至少会包含一个列表；如果网页要和用户进行交互，就必须用到表单元素。

jQuery Mobile 中自动对列表进行了样式设置，开发人员几乎不用做任何设置，就能编写出适合移动设备显示和操作的列表项。

同样，对表单的操作，jQuery Mobile 框架支持标准网页表单，在支持的设备上会自动使用 AJAX 处理，同时标准表单控件的外观也为触摸操作做了优化。本章将对列表和表单元素做详细的讲解，同时还对 jQuery Mobile 的一些高阶的用法加以描述。

1　列表

1.1　整页列表与插入列表

最通用的列表就是 ul，里面有一个或多个 li，在 HTML 中经常用于展示按条显示的记录或者导航，jQuery Mobile 中使用列表最简便的方式就是添加一个 data-role="listview"。

⊃示例 1

```
<div data-role="content">
    <ul data-role="listview">
        <li>我的阿勒泰：那个群山脚下河谷旁的家</li>
        <li>芯片卡可被近距离读取</li>
        <li>中国 2 亿吨玉米库存"挤爆"仓库</li>
        <li>台湾旅游市场大陆游客锐减 3 成</li>
    </ul>
</div>
```

运行效果如图 6.1 所示。

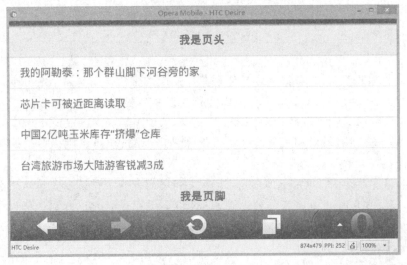

图 6.1　默认列表

jQuery Mobile 列表的渲染已被触摸操作优化过。每个列表项都自动占满整页宽度，这是典型的触屏设备 ul 模式。如果 li 中的文本超过一行，会自动截取，将超出的文本转换为省略号（...）。

默认情况下列表使用整页模式，也就是说列表将覆盖整个页面内容，图 6.1 所示的效果就是整页效果，页面上没有其他内容，有时候项目需要用到列表和其他的 HTML 混合使用，为了处理这种情况，jQuery Mobile 提出了行内列表的概念，要定义这种列表，只需要在 ul 或 ol 中添加 data-inset="true" 属性即可。

⊃示例 2

```
<div data-role="content">
    <ul data-role="listview" data-inset="true">
        <li>我的阿勒泰：那个群山脚下河谷旁的家我的阿勒泰：那个群山脚下河谷旁...</li>
        <li>芯片卡可被近距离读取</li>
        <li>中国 2 亿吨玉米库存"挤爆"仓库</li>
        <li>台湾旅游市场大陆游客锐减 3 成</li>
    </ul>
</div>
```

运行效果如图 6.2 所示。

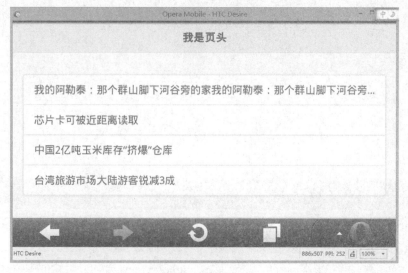

图 6.2　行内列表

通过图 6.2 可以看出，设置了 data-inset="true"的 ul 或 ol 列表外观与图 6.1 相比发生了一些改变，与页面中其他内容之间的边距更大，同时还添加了圆角等 CSS3 特效，而且也不是占据一行。用行内列表可以设计出包含多个表格的页面，表格之间还可以插入其他内容。默认情况下，列表中的列表项会自动转换为按钮（无需 data-role="button"）。

1.2　视觉分隔符

jQuery Mobile 视觉分隔符用于把项目组织和组合为分类/节，将一个列表划分为两个各自带标题的部分，在移动设备上，这是一个常用的设计模式。要在 jQuery Mobile 中实现这个功能，只需在作为分组的 li 元素上使用 data-role="list-divider"属性。

⊃示例 3

```
<div data-role="content">
    <ul data-role="listview" data-inset="true">
        <li data-role="list-divider">欧洲</li>
```

```
        <li>法国</li>
        <li>英国</li>
        <li data-role="list-divider">北美洲</li>
        <li>美国</li>
        <li>加拿大</li>
    </ul>
</div>
```

列表分隔符和普通的 li 在 HTML 的层级关系上是一样的，只是添加了一个 data-role 属性，使分隔符效果和普通的 li 在视觉上加以区别，如图 6.3 所示。

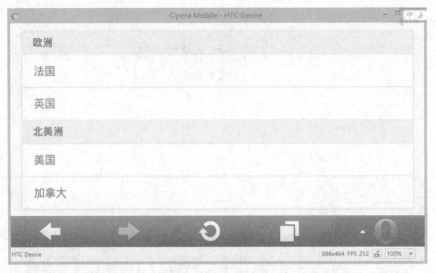

图 6.3　列表分隔符

除了上面讲的分隔符以外，还可以使用 data-autodividers="true"属性创建分隔符。对于英文该属性是通过对列表项文本的首字母进行大写来创建分隔符,对于中文是以第一个汉字作为分隔符。无论是中文还是英文，都应该把首字母（汉字）相同的放在一起，也就是按照第一个字符（汉字）排序，否则，jQuery Mobile 会生成重复的分隔符。

○示例 4

```
<ul data-role="listview" data-autodividers="true" data-inset="true">
        <li><a href="#">王大伟</a></li>
        <li><a href="#">王治郅</a></li>
        <li><a href="#">Adele</a></li>
        <li><a href="#">Agnes</a></li>
        <li><a href="#">Billy</a></li>
        <li><a href="#">Bob</a></li>
        <li><a href="#">Calvin</a></li>
        <li><a href="#">Cameron</a></li>
        <li><a href="#">Valarie</a></li>
</ul>
```

运行效果如图 6.4 所示。

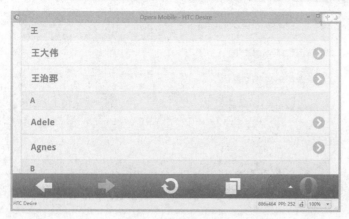

图 6.4　首字母分隔符

　　观察图 6.4，相同首字母或相同的首汉字的项被自动归结到一个分组中，这种方式经常用于手机的通讯录中，示例 4 的项中添加了超链接 a，列表项会自动在右侧添加图标。如果一个列表元素包含 a 元素，这一行会被转换为一个可响应触摸或鼠标导航的交互行。jQuery Mobile 有一个很好的特性，只要某行中包含链接，无论这个链接在行中的什么位置，该行整行都会响应触摸事件，用户只需在行内的任何一个位置点击即可实现交互。

1.3　交互行

　　当运行图 6.4 所示的页面时，用户可以点击或触摸每一行，而页面会给用户触摸或点击的反馈，这种行被称为交互行，jQuery Mobile 会在交互行的右侧添加图 6.4 所示默认的箭头，用于提醒用户该行是可触摸的。当然箭头图标可以使用 data-icon 进行修改。虽然同一个列表中可以混合使用交互行和只读行。不过，列表的典型 ul 设计要么全是交互行，要么全是只读行。

⊃ 示例 5

```
<ul data-role="listview" data-inset="true">
    <li data-icon="clock"><a href="#">1 路(四惠枢纽站-老山公交场站)</a></li>
    <li data-icon="location"><a href="#">2 路(宽街路口-南海户屯)</a></li>
    <li data-icon="shop"><a href="#">937 路(南礼士路-西胡林)</a></li>
    <li data-icon="bars"><a href="#">特 6 路(韩家川南站-北京西站)</a></li>
    <li><a href="#">345 路(沙河-德胜门西公交场站)</a></li>
</ul>
```

　　示例 5 中使用了交互行实现北京市公交车列表，对 li 元素使用 data-icon 更换默认图标，注意要更换交互行的默认图标需要修改 li 元素的 data-icon 属性而不是 a 元素的属性。效果如图 6.5 所示。

　　当用户点击一个交互行时，页面会根据交互行的链接跳转，在跳转之前或是空链接的交互行会高亮显示，图 6.5 的最后一项是被选中的状态，默认是蓝色背景，边框带模糊阴影的效果。

　　列表中上面几个例子使用的是一个 li 中有一个 a 元素，如果在一行中添加两个 a 元素，就组成了分割按钮列表，通常在允许一行做两个操作的时候会用到分割按钮，比如手机的短信列表，同一行左侧是联系人头像，右侧是短信息，点击左侧头像编辑联系人，点击右侧可查看短信息。

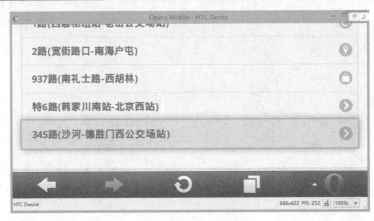

图 6.5　更换交互行图标

当在同一个 li 中添加两个 a 元素时，jQuery Mobile 会自动作为分割列表处理，左侧 a 元素用于显示链接信息，右侧 a 元素显示图标。

⊃示例 6

```
<ul data-role="listview" data-inset="true">
    <li data-icon="clock">
        <a href="#">1 路(四惠枢纽站-老山公交场站)</a><a href="#"></a></li>
    <li data-icon="location">
        <a href="#">2 路(宽街路口-南海户屯)</a><a href="#"></a></li>
    <li data-icon="shop">
        <a href="#">937 路(南礼士路-西胡林)</a><a href="#"></a></li>
        <li data-icon="bars">
        <a href="#">特 6 路(韩家川南站-北京西站)</a><a href="#"></a></li>
        <li><a href="#">345 路(沙河-德胜门西公交场站)</a><a href="#"></a></li>
</ul>
```

示例 6 中每一个 li 中都有左右两个操作，使用两个链接实现两个不同的操作，效果如图 6.6 所示。图中倒数第二行的右侧按钮被选中，而左侧没有被选中，分割按钮可以实现分别被选中的状态。

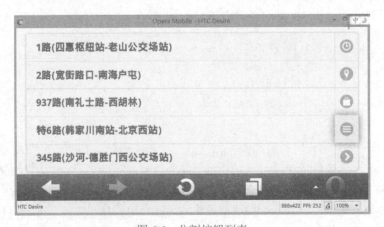

图 6.6　分割按钮列表

1.4 图片

列表中不仅仅有文字和图标，还经常会用到图片，每一行都可以用指定的图片来标识，并且可以添加两种不同的图片：图标和缩略图。

1.4.1 图标

行图标是显示在行标题左侧的图片。图标的大小是 16*16，这里注意要与交互行的箭头和分隔符图片区别。图标位于 li 元素中，由 class="ui-li-icon"定义。图标通常用于各种操作列表，例如对某条记录进行编辑删除等操作。示例 7 演示了在列表中图标的用法。

⊃示例 7

```
<ul data-role="listview" data-inset="true">
    <li><a href="#"><img src="Benz.jpg" alt="" class="ui-li-icon"/>奔驰</a>
    <a href="#"></a></li>
    <li><a href="#"><img src="Bmw.jpg" alt="" class="ui-li-icon"/>宝马</a>
    <a href="#"></a></li>
    <li><a href="#"><img src="Dazhong.jpg" alt="" class="ui-li-icon"/>一汽大众</a>
    <a href="#"></a></li>
    <li><a href="#"><img src="Peugeot.jpg" alt="" class="ui-li-icon"/>东风标致</a>
    <a href="#"></a></li>
 </ul>
```

运行结果如图 6.7 所示。

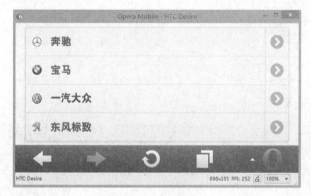

图 6.7 图标效果

注意作为图标的图片要放在 a 元素内部，否则是不能显示的。

1.4.2 缩略图

缩略图和行图标的页面效果一样，也是位于行内文本的左侧，只不过是一个 80px*80px 的图片。在显示照片、图片或其他图形信息时，推荐每行都使用缩略图。定义缩略图时只需要用 img 图片定义，而不需要任何的样式类。不过图片的大小必须是 80px*80px 才能显示最佳效果。示例 8 演示了在列表中使用缩略图的方法。

➲示例 8

```
<!DOCTYPE html>
<html lang="en">
<head>
    <meta charset="UTF-8">
    <meta name="viewport" content="width=device-width, user-scalable=no, initial-scale=1.0, maximum-scale=1.0, minimum-scale=1.0"/>
    <title></title>
    <link rel="stylesheet" href="../jquery.mobile-1.4.5.min.css"/>
    <script src="../jquery.min.js"></script>
    <script src="../jquery.mobile-1.4.5.min.js"></script>
</head>
<body>
<div data-role="page">
    <div data-role="header">
        <h1>汽车品牌列表</h1>
    </div>
    <div data-role="content">
        <ul data-role="listview" data-inset="true">
            <li><a href=""><img src="Benz.jpg" alt="" />奔驰</a></li>
            <li><a href=""><img src="Bmw.jpg" alt="" />宝马</a> </li>
            <li><a href=""><img src="Dazhong.jpg" alt="" />一汽大众</a></li>
            <li><a href=""><img src="Peugeot.jpg" alt="" />东风标致</a></li>
            <li><a href=""><img src="dongfeng.jpg" alt="" />东风风行</a></li>
        </ul>
    </div>
    <div data-role="footer">
        <h1>我是页脚</h1>
    </div>
</div>
</body>
</html>
```

示例 8 的运行结果如图 6.8 所示。

图 6.8 缩略图和行图标

通过图 6.8 所示，缩略图右侧能显示标题，但是在很多时候都要显示该标题的详细信息，比如示例 8 中的汽车品牌，通常在汽车品牌下面都有关于此品牌的描述，可以在示例 8 的基础上添加 p 标签实现对品牌的描述，如示例 9 所示。

⊃ 示例 9

```
<!DOCTYPE html>
<html lang="en">
<head>
    <meta charset="UTF-8">
    <meta name="viewport" content="width=device-width, user-scalable=no, initial-scale=1.0, maximum-scale=1.0,
minimum-scale=1.0"/>
    <title></title>
    <link rel="stylesheet" href="../jquery.mobile-1.4.5.min.css"/>
    <script src="../jquery.min.js"></script>
    <script src="../jquery.mobile-1.4.5.min.js"></script>
</head>
<body>
<div data-role="page">
    <div data-role="header">
        <h1>汽车品牌列表</h1>
    </div>
    <div data-role="content">
        <ul data-role="listview" data-inset="true">
            <li><a href=""><img src="Benz.jpg" alt="" /><h3>奔驰</h3> <p>奔驰，德国汽车品牌，
            ...</p></a></li>
            <li><a href=""><img src="Bmw.jpg" alt="" />宝马  <p>宝马德系三大豪华品牌之一，宝马的
车系有 1、2、3、4、5、6、7、i、X、Z 等几个系列...</p></a> </li>
            <li><a href=""><img src="Dazhong.jpg" alt="" />一汽大众<p>一汽-大众汽车有限公司（简称
一汽-大众）于 1991 年 2 月 6 日成立，是由中国第一汽车集团公司和德国大众汽车股份公司...</p></a></li>
            <li><a href=""><img src="Peugeot.jpg" alt="" />标致<p>标致是法国标致雪铁龙集团子公司
标致汽车公司旗下汽车品牌...</p></a></li>
            <li><a href=""><img src="dongfeng.jpg" alt="" />东风风行<p>东风柳汽公司是东风汽车公
司的控股子公司，也是东风汽车公司在南方重要的载货汽车和轻型乘用汽车生产基地，国家大型一档企业。
            </p></a></li>
        </ul>
    </div>
    <div data-role="footer">
        <h1>我是页脚</h1>
    </div>
</div>
</body>
</html>
```

示例 9 在示例 8 的基础上添加了对品牌的描述，注意这些描述都放在 p 元素内部，而且 p 标签也要放在 a 元素的内部，运行效果如图 6.9 所示。显示文字能够根据窗口自动割舍内容。

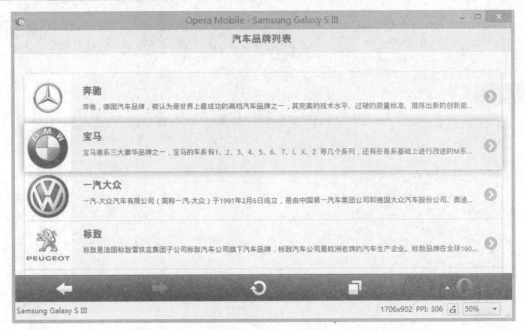

图 6.9　带描述的列表

1.4.3　计数气泡

在如图 6.9 所示的列表中有时需要显示一些数字信息，比如某条新闻的阅读次数、某件产品的客户订购量，需要将这些数字显示在列表中。在 jQuery Mobile 中可以使用计数气泡很简单地实现此功能，计数气泡是一个显示在行右侧的包含数字的区域，通常用于显示该行的数字信息，是一种显而易见的数字信息的展示方式。要使用计数气泡，只需在列表行中使用任意元素，如 span 标签，然后在标签中添加 class="ui-li-count"样式属性即可，例如示例 10 所示。

⊃示例 10

```
<!DOCTYPE html>
<html lang="en">
<head>
    <meta charset="UTF-8">
    <meta name="viewport" content="width=device-width, user-scalable=no, initial-scale=1.0, maximum-scale=1.0,
minimum-scale=1.0"/>
    <title></title>
    <link rel="stylesheet" href="../jquery.mobile-1.4.5.min.css"/>
    <script src="../jquery.min.js"></script>
    <script src="../jquery.mobile-1.4.5.min.js"></script>
</head>
<body>
<div data-role="page">
    <div data-role="header">
        <h1>汽车品牌列表</h1>
    </div>
```

```
        <div data-role="content">
            <ul data-role="listview" data-inset="true">
                <li><a href=""><img src="Benz.jpg" alt="" /><h3>奔驰</h3><span class="ui-li-count">200
</span><p>奔驰，德国汽车品牌，被认为是世界上最成功的高档汽车品牌之一...</p></a></li>
                <li><a href=""><img src="Bmw.jpg" alt="" />宝马 <span class="ui-li-count">127</span><p>
宝马德系三大豪华品牌之一，宝马的车系有1、2、3、4、5、6、7、i、X、Z等几个系列，还有在各系基础上
进行改进的 M 系（宝马官方的高性能改装部门）。</p></a></li>
                <li><a href=""><img src="Dazhong.jpg" alt="" />一汽大众<span class="ui-li-count">385
</span><p>一汽-大众汽车有限公司（简称一汽-大众）于1991年2月6日成立...</p></a></li>
                <li><a href=""><img src="Peugeot.jpg" alt="" />标致<span class="ui-li-count">150</span>
<p>标致是法国标致雪铁龙集团子公司标致汽车公司旗下汽车品牌...</p></a></li>
                <li><a href=""><img src="dongfeng.jpg" alt="" />东风风行<span class="ui-li-count">76
</span><p>东风柳汽公司是东风汽车公司的控股子公司...</p></a></li>
            </ul>
        </div>
        <div data-role="footer">
            <h1>我是页脚</h1>
        </div>
    </div>
</body>
</html>
```

设置计数气泡的部分可以写在列表中的任意位置，运行效果如图 6.10 所示，在每一行列表的末尾显示该行对应的数字信息。

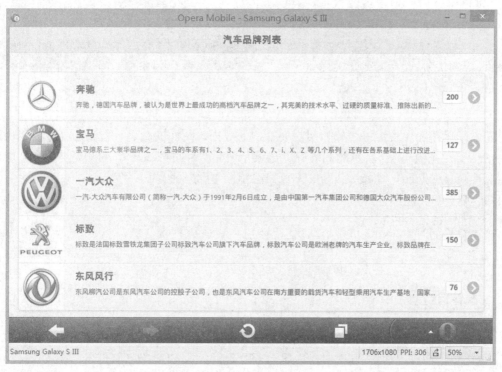

图 6.10　计数气泡

计数气泡区域不仅仅只显示数字，也可以显示文本，但不建议添加文本，因为计数气泡的可用空间是专为数字优化过的，对于文本值，可以使用示例 9 所用的描述方式显示。

列表中的数据可能会有很多，用户如遇到很多数据的情况可使用搜索的方式快速查找所需数据。jQuery Mobile 提供了搜索的功能，用户可以直接使用该功能查找想要的结果。为了实现这个功能，开发人员只需要在 ul 中添加 data-filter="true"，jQuery Mobile 就会自动添加一个过滤的搜索框，并且实现搜索功能，修改示例 10 的代码如下：

```
<ul data-role="listview" data-inset="true" data-filter="true">
```

修改并运行示例 10，效果如图 6.11 所示。

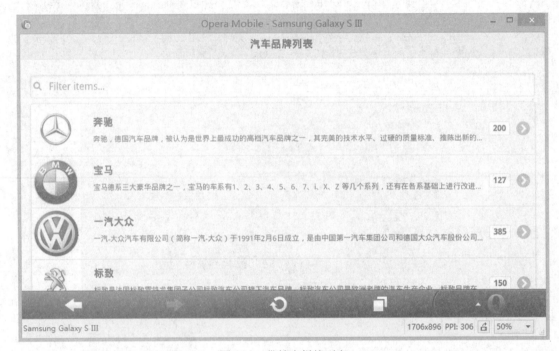

图 6.11　带搜索栏的列表

这时候只需要在搜索框中输入用户要搜索的数据，下面的列表就会有选择地显示用户需要的信息了，在图 6.11 所示的列表中默认显示的是 "Filter items"，可以通过在 ul 中添加 data-filter-placeholder 属性修改占位文本。修改示例 10 的代码如下：

```
<ul data-role="listview" data-inset="true" data-filter="true"
data-filter-placeholder="请输入搜索信息">
```

当运行界面时，在搜索框中会默认出现文本：请输入搜索信息。

2　表单组件

jQuery Mobile 支持基本的表单元素，如 input、button 等，而且对表单元素的外观也做了美化，使之更适应移动设备，同时对于表单元素自动执行了 AJAX 处理。使表单在 jQuery Mobile 中的使用上更加方便，视觉上更加优异。

2.1　表单动作

无论是 PC 端网页还是移动端的网页，无论是原生网页还是使用其他框架研发的网页，表单动作都是一样，都是通过用户点击提交按钮或者按回车键（移动设备的提交或发送键）使用 post 或 get 方式提交到 action 指定的页面，在学习 JavaScript 或 jQuery 的时候，我们知道表单提交有两种方式：标准 HTTP 请求和 AJAX 方式，jQuery Mobile 在同一个域名中提交默认采用的是 AJAX 方式。表单元素 form 的 method 属性可以是 get，也可以是 post。

如果想强制使用标准 HTTP 请求而不是 AJAX，可以在 form 元素上使用 data-ajax="false" 属性，在跨域主机或上传文件时，这个属性尤其有用。也可以在 form 元素上使用 target="_blank" 来强制使用非 AJAX 的方式提交。

2.2　表单元素

jQuery Mobile 允许在一个表单中同时使用标准网页表单控件和新的富控件。jQuery Mobile 框架有一个称为"自动初始化"（auto-initialization）的特性，可以将各个网页表单控件替换为对触摸操作更为友好的富控件。

jQuery Mobile 也让 HTML5 中新增的表单域类型达到了一个新的层次，甚至在不支持这些新表单域的浏览器上也可以使用它们。

下列元素会被渲染为富控件：

- 按钮，使用 input 或 button 元素。
- 文本输入域，使用 input 或 textarea 元素。
- 复选和单选按钮。
- 下拉列表，使用 select 元素。
- 滑块，使用 input type="range" 的新控件。
- 滑块开关，使用带新 role 属性的 select 元素。

如果想强制禁止 jQuery Mobile 使用富 ul 组件来渲染表单控件，只需在各个表单元素上加上 data-role="none" 属性。

对移动设备的表单来说，每个表单元素都会独占一行是用户体验最好的方式。当然，也可以强制使用多列，不过不建议这么设计用于移动设备的表单元素。

2.2.1　文本标签和容器标签

文本标签元素是表单控件中很重要的一个元素。通常总是为每个文本标签包含一个对应的 label 元素，并将 label 的 for 属性指向文本的 id，如下所示：

```
<label for="username">用户名</label>
<input type="text" id="username"/>
```

当用户点击 label 时，对应的表单控件会得到焦点，用户可以立刻使用该控件。因此，对于触摸设备来讲，最好是在表单元素的可点击区域为控件加上 label 标签。

域容器是一个可选的文本标签部件包装器，用于提高在平板电脑等宽屏幕设备上的体验。

容器可以是任意带 data-role="fieldcontainer" 的块级元素。容器会将内部的文本标签和表单控件自动对齐，并会添加一个细边框作为字段分隔。

```
<div data-role="fieldcontainer">
    <label for="username">用户名</label>
    <input type="text" id="username"/>
    <label for="userpwd">密码</label>
    <input type="password" id="userpwd"/>
</div>
```

2.2.2 文本输入框

jQuery Mobile 支持基本的 input 文本输入控件，并能根据当前主题进行渲染。主要支持的类型有 text、password、email、tel、url、search、number 和 textarea。

除了传统的 text 和 password 以外，HTML5 新增加的几种类型在触摸设备会呈现一个优化过的虚拟键盘。对于那些不支持 HTML5 新输入类型的老设备，遇到不支持的类型时，浏览器都会将它降级为基本的文本输入域。

与典型的 text 类型相比。search 类型的输入域有两个不同。在 jQuery Mobile 中它的用户界面与其他输入域不同，在某些设备的虚拟键盘中它提供了一个不同的"返回"键。图 6.12 所示为在页面中添加一个 search 类型的文本框。

图 6.12　search 标签页面效果

2.2.3 textarea 输入区域

使用 textarea 来处理多行文本输入时，有一个额外的特性：自动增长。jQuery Mobile 会以一个两行高的区域开始，随着输入文本的增加而变高。之后，框架会自动扩展该文本区域以适合新行。这样就不会在移动设备中出现滚动条，如图 6.13 所示。

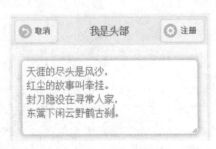

图 6.13　textarea 自动增长

2.2.4　HTML5 新增标签

在文本输入框上使用任何 HTML5 属性都是安全的，在支持的设备上这些属性将起作用，不支持的设备则将这些属性自动过滤。在新的表单控件属性里，经常会用到 required、placeholder、pattern、min、max 等属性，这些属性在移动设备中依旧可以正常使用。比如如果一个输入域是必需的，则可以使用 required 属性来限制。

```
<input type="text" required placeholder="请输入文本">
<input type="number" required placeholder="分数" max="100" min="0">
```

（1）日期输入框

在过去的网页中输入日期一般需要依赖于 JavaScript 库来用 HTML 创建一个虚拟的日历。常用的如 My97DatePicker 插件，HTML5 中已加入了对日期输入框的支持，只需要使用日期类型的 input 元素就能实现对日期的输入控制。主要的日期类型如下：

- date：选取日、月、年。
- month：选取月、年。
- week：选取周和年。
- time：选取时间（小时和分钟）。
- datetime：选取时间、日、月、年（UTC 时间）。
- datetime-local：选取时间、日、月、年（本地时间）。

日期输入类型是新添加的，不是所有的移动或桌面浏览器都支持，不支持的设备会被渲染为 text。可以在 http://mobilehtml5.org/ 上查看不同移动浏览器的支持情况。

（2）滑块

滑块用于输入处于某个范围的数字值。使用时，它会提供一个接受数字的文本输入框，右侧还会有一个水平滑块，使用滑块需要设置 type="range" 属性，同时支持 min 和 max 属性。如下代码所示：

```
<input type="range" min="0" max="100">
```

滑块支持通过 data-theme 定义样式，如果只对滑动条进行样式处理可以使用 data-track-theme，如示例 11 所示。

⊃示例 11

```
<!DOCTYPE html>
<html>
<head lang="en">
    <meta charset="UTF-8">
    <title></title>
    <meta name="viewport" content="width=device-width, user-scalable=no, initial-scale=1.0, maximum-scale=1.0, minimum-scale=1.0"/>
    <link rel="stylesheet" href="../jquery.mobile-1.4.5.min.css"/>
</head>
<body>
<div data-role="page">
```

```
        <div data-role="header" data-position="fixed">
            <a href="#" data-icon="back">取消</a>
            <h2>我是头部</h2><a href="#" data-icon="gear">注册</a>
        </div>
        <div data-role="content">
            <input data-theme="c" data-track-theme="a" type="range" min="0" max="100">
        </div>
        <div data-role="footer" data-position="fixed">
            <h2>我是尾部</h2>
        </div>
    </div>
    <script src="../jquery.min.js"></script>
    <script src="../jquery.mobile-1.4.5.min.js"></script>
</body>
</html>
```

页面效果如图 6.14 所示。

图 6.14　滑块效果

（3）平移切换开关

平移切换开关在功能上与复选框类似，表示事物的真或假（true/false）或者开或关（on/off），是一个 bool 值，但用户界面和复选框完全不同。它被渲染为一个可视化的开关，用户可以打开或关闭（在开关上点击或拖动）。

这是一个需要显式指定 data-role 的表单控件，设置为 data-role="slider"。它需要一个 select 元素，其中只包含两个 option 作为子元素，第一个为 off/false，第二个为 true/on。如果不指定域容器，平移切换开关将被渲染为整页宽度。更常见的情况是将相应的内容放在域容器里，如示例 12 所示。

⊃示例 12

```
<!DOCTYPE html>
<html>
<head lang="en">
    <meta charset="UTF-8">
    <title></title>
```

```
        <meta name="viewport" content="width=device-width, user-scalable=no, initial-scale=1.0, maximum-scale=1.0,
minimum-scale=1.0"/>
        <link rel="stylesheet" href="../jquery.mobile-1.4.5.min.css"/>
        <script src="../jquery.min.js"></script>
        <script src="../jquery.mobile-1.4.5.min.js"></script>
    </head>
    <body>
    <div data-role="page">
        <div data-role="header" data-position="fixed">
            <a href="#" data-icon="back">取消</a>
            <h2>我是头部</h2><a href="#" data-icon="gear">注册</a>
        </div>
        <div data-role="content">
            <div data-role="fieldcontain">
                <select data-role="slider">
                    <option value="on">on</option>
                    <option value="off">off</option>
                </select>
            </div>
        </div>
        <div data-role="footer" data-position="fixed">
            <h2>我是尾部</h2>
        </div>
    </div>
    </body>
    </html>
```

示例 12 运行效果如图 6.15 所示。

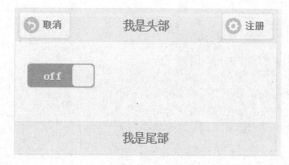

图 6.15　平行滑块

（4）选择菜单

select 元素创建的菜单是一个典型的表单控件，用于从一个弹出列表中选择一个或多个选项。所有移动浏览器都支持 select（单选或多选）。jQuery Mobile 将选择菜单的外观改变为按钮样式的风格，并在被点击时调用原生的菜单。使用方式和在 PC 端开发的方式一样，效果如图 6.16 所示。

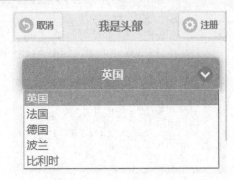

图 6.16　下拉列表选择菜单

（5）组合选择菜单

Select 菜单可以使用 controlgroup 元素进行水平或垂直分组，水平组合尤其有用。要组合菜单只需要将 select 放入设置 data-role="controlgroup"元素内部即可，如示例 13 所示。

⊃示例 13

```
<!DOCTYPE html>
<html>
<head lang="en">
    <meta charset="UTF-8">
    <title></title>
    <meta name="viewport" content="width=device-width, user-scalable=no, initial-scale=1.0, maximum-scale=1.0,
minimum-scale=1.0"/>
    <link rel="stylesheet" href="../jquery.mobile-1.4.5.min.css"/>
    <script src="../jquery.min.js"></script>
    <script src="../jquery.mobile-1.4.5.min.js"></script>
</head>
<body>
......
<div data-role="content">
//默认垂直分组
        <div data-role="controlgroup">
            <select>
                <option value="1">语文</option>
                <option value="2">数学</option>
                <option value="3">英语</option>
            </select>
            <select>
                <option value="1">一年级</option>
                <option value="2">二年级</option>
                <option value="3">三年级</option>
            </select>
        </div>
//水平分组
        <div data-role="controlgroup" data-type="horizontal">
```

```
        <select>
            <option value="1">语文</option>
            <option value="2">数学</option>
            <option value="3">英语</option>
        </select>
        <select>
            <option value="1">一年级</option>
            <option value="2">二年级</option>
            <option value="3">三年级</option>
        </select>
    </div>
</div>
......
</body>
</html>
```

显示效果如图 6.17 所示。

图 6.17　分组选择框

在示例 13 中我们已经看到，select 元素在被打开时，仍然依赖于移动浏览器的原生 select 元素。jQuery Mobile 也为选择菜单提供了另一个用户界面，可用于覆盖原生行为。要激活这个特性，只需在对应的 select 元素上指定 data-native-menu="false"。效果如图 6.18 所示。

图 6.18　弹出式 select 选择框

（6）单选按钮和复选按钮

在 jQuery Mobile 中使用单选按钮和复选按钮时，无需添加任何其他代码，jQuery Mobile
会自动根据类型进行渲染，在单（复）选按钮和 label 一起使用时，label 和单（复）选按钮被
渲染为一个整体，如下代码所示。

```
<label for="man">男</label>
    <input type="radio" id="man">
    <label for="woman">女</label>
    <input type="radio" id="woman">
    <label for="yuwen">语文</label>
    <input type="checkbox" id="yuwen">
    <label for="shuxue">数学</label>
    <input type="checkbox" id="shuxue">
```

执行代码如图 6.19 所示。

图 6.19　单选按钮和复选按钮

如果将单选按钮和复选按钮放置于 controlgroup 中会结合成分组，不过如果将该分组设
置为 data-type="horizontal"则其中的单选按钮会变为开关按钮，如示例 14 所示。

⊃示例 14

```
<!DOCTYPE html>
<html>
<head lang="en">
    <meta charset="UTF-8">
    <title></title>
    <meta name="viewport" content="width=device-width, user-scalable=no, initial-scale=1.0, maximum-scale=1.0,
minimum-scale=1.0"/>
    <link rel="stylesheet" href="../jquery.mobile-1.4.5.min.css"/>
</head>
<body>
<div data-role="page">
    <div data-role="header" data-position="fixed">
        <a href="#" data-icon="back">取消</a>
```

```
        <h2>我是头部</h2><a href="#" data-icon="gear">注册</a>
    </div>
    <div data-role="content">
        <div data-role="controlgroup">                              //垂直分组
            <label for="man">男</label>
            <input type="radio" name="sex" id="man">
            <label for="woman">女</label>
            <input type="radio" name="sex" id="woman">
        </div>
        <div data-role="controlgroup" data-type="horizontal">       //水平分组
            <label for="yuwen">语文</label>
            <input type="checkbox" id="yuwen">
            <label for="shuxue">数学</label>
            <input type="checkbox" id="shuxue">
            <label for="yingyu">英语</label>
            <input type="checkbox" id="yingyu">
        </div>
    </div>
</div>
<script src="../jquery.min.js"></script>
<script src="../jquery.mobile-1.4.5.min.js"></script>
</body>
</html>
```

运行效果如图 6.20 所示。

图 6.20　单选按钮和复选按钮分组展示

操作案例：制作信息收集页面

需求描述

依据所学内容创建 jQuery Mobile 的基本页面结构。

- 创建基本页面结构。
- 创建输入控件。

技能要点

使用表单元素创建页面。

实现效果

页面效果如图 6.21 所示。

图 6.21　个人信息收集页面

3　jQuery Mobile API

3.1　jQuery Mobile API

（1）文档事件

在使用 JavaScript 时，经常使用 onload 来执行如初始化代码等内容，在 jQuery 中通过将代码写在如下代码段中进行默认值的设置或者初始化的工作。

```
$(document).ready(function(){
//初始化代码
})
```

在编码 jQuery Mobile 时，也有类似的事件：mobileinit 事件，使用 mobileinit 事件来设置代码脚本在 DOM 元素加载完成后开始执行，所以要在页面中加载或执行脚本都要执行 mobileinit 事件。

```
$(document).bind("mobileinit",function(){
    //初始化代码
})
```

mobileinit 事件会在 jQuery Mobile 框架载入内存之后、UI 元素被渲染之前触发。所以我们可以使用这个事件处理程序改变一些 UI 的全局选项。因此该事件应该放在引入 jQuery 文件之后和引入 jQuery Mobile 文件之前执行，也就是说放在 jQuery 文件和 jQuery Mobile 文件之间的位置。

（2）配置

jQuery Mobile 在 jQuery 主对象$上添加了一个新的 mobile 对象，因此，这个 API 的大部分工作都将使用$mobile 来完成。在使用 jQuery Mobile 时，将发现很多全局属性以及有用的方法。这个对象只在 mobileinit 事件触发后才可用。

jQuery Mobile 使用 jQuery UI 桌面版框架的部件结构。所谓部件即由框架管理的控件。部件通常通过 data-role 属性来映射，当然，也有不带 data-role 属性的表单控件。每一个部件都有一个对象构造器以及默认配置，这些默认配置可以在 mobileinit 中更改，更改后会影响到该页面的每一个部件，常见的部件如：page、dialog、collapsible、fieldcontain、navbar、listview、checkboxradio、button、slider、textinput、selectmenu、controlgroup 等。每个部件都有它自己的对象构造器，这些构造器代表了页面上每个对象的工作方式。

> **注意** 这些配置只在 mobileinit 事件中有效。jQuery Mobile 的核心功能之一是用于加载外部页面的 Ajax 框架。可用 ajaxEnabled=false 来禁用。使用 allowCrossDomainPages 属性来强制框架支持加载外部页面。

（3）data-*工具

使用 jQuery Mobile 时经常需要处理 data-*自定义属性。

```
jQuery:var button=$("a[role=button]");
```

jQuery Mobile 添加一个新的名为 jqmData 的过滤器，并会应用我们指定的命名空间，上面的代码可换为：var button=$("a:jqmData(role='button')"); 同时可以使用 jqmData 和 jqmRemoveData 来代替原来的 data 和 removeData 函数。

（4）页面工具

$.mobile.activePage 属性可与当前的 data-role="page"元素关联，这个属性指向对应的 jQuery Dom 对象（通常是一个 div 元素）：

```
var currentPageId=$.mobile.activePage.id;
```

可以通过$.mobile.pageContainer 属性访问当前页面的容器（通常为 body 元素），最有用的工具是$.mobile.changePage 方法，它允许我们跳转向另一个页面，就像用户点击了相应的链接一样。可以在 JavaScript 中通过这个方法来显示内部或外部页面。参数可以是字符串（外部链接），也可以指向内部页面的 jQuery 对象。

```
$.mobile.changePage("external.html");
$.mobile.changePage($("#pageId"));
```

（5）核心及 AJAX 功能

jQuery Mobile 的一些核心功能可以通过对应的全局属性来操作。如果我们在使用另一个可能会与 jQuery Mobile 冲突的框架，可以使用 ns 全局属性来定义一个命名空间。默认情况下命名空间没有定义，定义命名空间的示例代码如下：

```
$(document).bind("mobileinit",function(){
    $.mobile.ns="mynamespace";
})
```

然后所有的 data-*属性都变为 data-mynamespace-*属性用于和其他框架区别。

（6）页面配置

页面由 data-role="page"定义，每个页面都有若干默认选项，这些默认选项可以通过 data- *属性来修改。要改变默认设置，只需改变每个页面实例的 prototype 的 option 属性即可。

3.2　jQuery Mobile 事件

普通 HTML 页面事件大家都已经很熟悉了，比如 load、click 等事件，jQuery Mobile 中有一些特别的元素可应用事件。比如页面事件，还有一些和用户操作相关的事件。

3.2.1　页面事件

每个页面带有 data-role="page"的元素都有一组不同的事件，这些事件有一些可以全局处理，有一些则只针对某些特定页面有效。每个页面都有创建、加载中以及显示事件。

● Pagebeforecreate：当页面即将初始化，并且在 jQuery Mobile 已开始增强页面之前，触发该事件。

● Pagecreate：当页面已创建，但增强完成之前，触发该事件。

● Pageinit：当页面已初始化，并且在 jQuery Mobile 已完成页面增强之后，触发该事件。

示例 15 演示了事件的执行顺序。

⊃示例 15

```
<!DOCTYPE html>
<html>
<head lang="en">
    <meta charset="UTF-8">
    <title></title>
    <meta name="viewport" content="width=device-width, user-scalable=no, initial-scale=1.0, maximum-scale=1.0,
minimum-scale=1.0"/>
    <link rel="stylesheet" href="../jquery.mobile-1.4.5.min.css"/>
    <script src="../jquery.min.js"></script>
    <script src="../jquery.mobile-1.4.5.min.js"></script>
    <script>
        $(document).on("pagebeforecreate ",function(){
            alert("pagebeforecreate 事件触发 - 页面即将初始化。jQuery Mobile 还未增强页面");
        });
        $(document).on("pagecreate",function(){
            alert("pagecreate 事件触发 - 页面已经创建，但还未增强完成");
        });
    </script>
</head>
<body>
```

```
<div data-role="page">
    <div data-role="header">
        <h1>头部文本</h1>
    </div>
    <div data-role="main" class="ui-content">
        <p>页面已创建，并增强完成。</p>
    </div>
    <div data-role="footer">
        <h1>底部文本</h1>
    </div>
</div>
</body>
</html>
```

示例 16 演示了 pagebeforecreate 事件和 pagecreate 事件的执行顺序。读者可以运行该事件，观察两个弹出窗口的弹出时机，进一步了解该事件的用法。

3.2.2 方向事件

移动设备可以旋转，因此至少会有两个不同的方向：纵向和横向。有时我们想在方向改变时也改变应用的一些外观或行为。为此，jQuery Mobile 提供了一个 orientationchange 事件，orientationchange 事件是在用户水平或者垂直翻转设备（即方向发生变化）时触发的事件。代码如下所示：

```
$(document).on("pagecreate",function(event){
    $(window).on("orientationchange",function(){
        alert("方向已改变!");
    });
});
```

当用户翻转移动设备时弹出一些"方向已改变"的信息。注意：如果查看 orientationchange 事件的效果，必须使用移动设备或者移动模拟器来查看本实例。

3.2.3 触摸事件

jQuery Mobile 的触摸事件有两种，分别是点击事件（tap）和长按事件（taphold）。分别对应用户在屏幕上点击和按住不放的事件。

（1）tap：在屏幕上快速地触摸一下时触发。

如示例 16 所示，当点击页码的 img 元素时，图片会自动放大。

⊃ 示例 16

```
<!DOCTYPE html>
<html>
<head lang="en">
    <meta charset="UTF-8">
    <title></title>
```

```
        <meta name="viewport" content="width=device-width, user-scalable=no, initial-scale=1.0, maximum-scale=1.0,
minimum-scale=1.0"/>
        <link rel="stylesheet" href="../jquery.mobile-1.4.5.min.css"/>
        <script src="../jquery.min.js"></script>
        <script src="../jquery.mobile-1.4.5.min.js"></script>
        <style>
            #fj {
                width: 40%;
            }
        </style>
        <script>
            $(document).on("pagecreate", "#pageone", function () {
                $("#fj").on("tap", function () {
                    $(this).css("width", "80%");
                });
            });
        </script>
    </head>
    <body>
    <div data-role="page" id="pageone">
        <div data-role="header">
            <h1>头部文本</h1>
        </div>
        <div data-role="main" class="ui-content">
            <img id="fj" src="fj.jpg"/></div>
        <div data-role="footer">
            <h1>底部文本</h1>
        </div>
    </div>
    </body>
</html>
```

（2）taphold：用户触摸屏幕并持续按住一秒钟时触发。

在使用移动设备的时候，经常遇到长事件按压触屏的行为，如复制屏幕上的文字等操作，这时就可以使用 jQuery 的 taphold 事件了，该事件当用户持续按住屏幕一秒后触发。修改示例 16，增加 taphold 代码如下所示：

```
$(document).on("pagecreate", "#pageone", function () {
        $("#fj").on("tap", function () {
            $(this).css("width", "80%");
        });
        $("#fj").on("taphold", function () {
            $(this).css("width", "40%");
        });
    });
```

当用户点击屏幕将图片放大以后，持续按住图片，触发 **taphold** 事件，图片将返回初始大小，如果只是点击一下屏幕，将没有任何效果。

另外还有些 jQuery Mobile 的手势事件，如：

- swipeleft：用户的手指从右划到左超过 30px 时触发。
- swiperight：用户的手指从左划到右超过 30px 时触发。

下面示例 17 演示了最常用的触屏轮播的效果。

⊃ 示例 17

```html
<!DOCTYPE html>
<html>
<head lang="en">
    <meta charset="UTF-8">
    <title></title>
    <meta name="viewport" content="width=device-width, user-scalable=no, initial-scale=1.0, maximum-scale=1.0, minimum-scale=1.0"/>
    <link rel="stylesheet" href="../jquery.mobile-1.4.5.min.css"/>
    <script src="../jquery.min.js"></script>
    <script src="../jquery.mobile-1.4.5.min.js"></script>
    <style>
        ul {
            list-style: none;
            padding: 0;
            margin: 0;
            width: 300%;
            position: relative;
        }
        li {
            float: left;
            width: 33.333%;
        }
        li img {
            width: 100%;
        }
        .clearfix {
            clear: both;
        }
        .content {
            width: 100%;
            overflow: hidden;
        }
    </style>
```

```
<script>
    $(document).on("pagecreate", "#pageone", function () {
        var i = 0;
        $("ul").on("swipeleft", function (e) {
            var width = 0;
            if (e.target.constructor.name == "HTMLImageElement") {
                width = $(e.target).width();
            }
            $(this).animate({left: "-=" + width}, 100)
        });
        $("ul").on("swiperight", function (e) {
            var width = 0;
            if (e.target.constructor.name == "HTMLImageElement") {
                width = $(e.target).width();
            }
            $(this).animate({left: "+=" + width}, 100)
        });
    });
</script>
</head>
<body>
<div data-role="page" id="pageone">
    <div data-role="header">
        <h1>头部文本</h1>
    </div>
    <div data-role="main" class="ui-content">
        <div class="content">
            <ul>
                <li><img src="a.jpg"/></li>
                <li><img src="b.jpg"/></li>
                <li><img src="c.jpg"/></li>
            </ul>
        </div>
    </div>
    <div data-role="footer">
        <h1>底部文本</h1>
    </div>
</div>
</body>
</html>
```

如示例 17 所示，当手指在屏幕左右滑动的时候，实现图片的轮播效果，如图 6.22 所示。

图 6.22 滑屏效果

由于篇幅所限，本示例还有些不足之处请读者尝试修改并完善。其他事件的用法比较简单，读者可以自己学习。

本章总结

- jQuery Mobile 列表的渲染已为触摸操作优化过。每个列表项都自动占满整页宽度，这是典型的触屏设备 ul 模式。如果 li 中的文本超过一行，会自动截取，将超出的文本转换为省略号（...）。
- jQuery Mobile 视觉分隔符用于把项目组织和组合为分类/节，将一个列表划分为两个各自带标题的部分，在移动设备上，这是一个常用的设计模式。
- jQuery Mobile 中的图片经过样式设置，使用户可以很简单地使用缩略图和行图标。
- 计数气泡是一个显示在行右侧的包含数字的区域，通常用于显示该行的数字信息，是一种显而易见的数字信息的展示方式。
- 无论是 PC 端网页还是移动端的网页，无论是原生网页还是使用其他框架研发的网页，表单动作都是一样的，都是通过用户点击提交按钮或者点击回车键（移动设备的提交或发送键）使用 post 或 get 方式提交到 action 指定的页面。以下元素会被渲染为富控件：
  - ➢ 按钮，使用 input 或 button 元素。
  - ➢ 文本输入域，使用 input 或 textarea 元素。
  - ➢ 复选和单选按钮。
  - ➢ 下拉列表，使用 select 元素。
  - ➢ 滑块，使用 input type="range"的新控件。
  - ➢ 滑块开关，使用带新 role 属性的 select 元素。

本章作业

1. 请描述如何在网站中使用 jQuery Mobile 创建一个列表。
2. 请描述 jQuery Mobile 中 data-*工具的作用。
3. 请说明 jQuery Mobile 中按钮的主要效果。

4．请结合本章所学内容制作如图 6.23 所示效果。

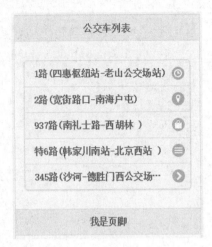

图 6.23　工具栏页面

5．请登录课工场，按要求完成预习作业。